LA POESÍA DE LOS NÚMEROS

Daniel Tammet nació el 31 de enero de 1979. A él le gusta decir que 31, 19 y 79 son números primos, pero eso es porque considera que los números primos son poéticos. Sabe hablar muchos idiomas (diez, incluyendo el islandés, el esperanto y uno de creación propia) y le encanta la literatura. Especialmente la poesía. Y, en concreto, la poesía de los números. Para este matemático prodigioso cada número hasta la cifra de 10.000 tiene su propia forma, color, textura y emoción. Números que brillan. Contar es para él como ver una película o adentrarse en un bosque tropical. Quizá por eso, cuando era un muchacho hostigado por sus compañeros en un barrio al este de Londres, no jugaba al fútbol en el patio del colegio, sino que se ponía delante de un árbol y contaba las hojas de la copa. De hecho, es el mayor de nueve hermanos y todos ellos eran mejores con la pelota que él, aunque le querían igual porque desde pequeño les explicaba historias. Es posible, también, que gracias a esta capacidad batiera en 2004 un récord europeo al recitar 22.514 decimales del número pi, el más enigmático de todos, en cinco horas.

Lo hizo, en realidad, con el objetivo de recaudar fondos para dar visibilidad a las personas que sufren epilepsia. Su abuelo murió de esa enfermedad, así que cuando él sufrió el primer ataque su madre temió lo peor. Sin embargo, esa crisis desató otro efecto: se le acabaría diagnosticando Asperger, pero solo un 1% de los diagnosticados con este trastorno autista padecen también el Síndrome del Sabio (o son *savants*), caracterizado por una memoria prodigiosa, unas habilidades con las artes innatas, una capacidad de cálculo casi paranormal. Él, además, es sinestésico, así que puede escuchar colores o palpar sabores. La clave, sin embargo, es que además de poseer todas estas habilidades asombrosas, es de los pocos que saben explicarlas. Porque escribe. Y escribe muy bien.

Todo esto también tiene otras consecuencias. Tammet está anclado en las rutinas: debe tomar el té cada día a una hora exacta, salpicar su cara cinco veces cuando se despierta y, antes de salir de casa, contar los botones de toda la ropa que viste. Explicó todo eso y mucho más en *Nacido en un día azul* (2006), las memorias sobre el día a día de un sabio con autismo, nombradas mejor libro del año por la American Library Association. De hecho, su rasgo más especial no es ser un sabio, sino saber explicar cómo funciona su cerebro. Y el nuestro. El de todos. *La conquista del cerebro*, su nuevo libro, el segundo en Blackie Books después del aplaudido *La poesía de los números*, va entre otras cosas de esto. Fue uno de los grandes best sellers de 2009 en Francia, así que se mudó a París, donde vive como escritor desde entonces. Un matemático que vive de las letras.

A Tammet le costó entender qué sucedía en su cabeza. Por eso era tímido, aunque le gustaba arrasar en los quizs en los que concursaba con sus amigos. Pero en 2005 el Channel Five británico le dedicó el documental «The Boy with the Incredible Brain», y durante la grabación conoció a alguien que le daría la confianza que le faltaba: Kim Peek, la persona en la que se basó el personaje de Dustin Hoffman en *Rain Man*. Ese que recitaba números, se golpeaba la cabeza y para el que una lavadora de color era tan fascinante como la mejor película jamás filmada.

Aunque se ha convertido en un autor de éxito y en una celebridad de la divulgación científica, Tammet aún se pone nervioso a menudo. Tiene un truco. Lo hace desde que era muy pequeño. Para llevarlo a cabo debe cerrar los ojos. Entonces, multiplica dos por dos, y el resultado por dos más, y esa cifra otra vez por dos... Y a medida que lo hace en su mente aparecen bengalas, chispas, espirales de neón. Hasta que, de repente, puede ver con claridad todo un cielo de fuegos artificiales. Eso lo tranquiliza y le parece bonito. Le gustan la justicia y la precisión, pero siempre dice que en las matemáticas, como en la literatura y en la vida, la belleza es lo más importante.

DANIEL TAMMET

LA POESÍA DE LOS NÚMEROS

Traducción de Pablo Álvarez Ellacuria

Título original: *Thinking in Numbers*

© Daniel Tammet, 2012. Publicado con el acuerdo de Casanovas
& Lynch Agencia Literaria
© de la fotografía del autor: Jérôme Tabet
© de la traducción: Pablo Álvarez Ellacuria, 2015
© de la edición: Blackie Books S.L.
Calle Església, 4-10
08024, Barcelona
www.blackiebooks.org
info@blackiebooks.org

Diseño de cubierta: Luis Paadín
Imagen de la cubierta: Ignasi Font
Maquetación: David Anglès
Impresión: Liberdúplex
Impreso en España

Primera edición: enero de 2026
ISBN: 979-13-87748-65-4
Depósito legal: B 22459-2025

«No hay, para ver, ojo mejor que el del amo.
Yo, por mi parte, añado: o el del enamorado».

Cayo Julio Fedro

«Al igual que todos los grandes racionalistas,
creías en cosas dos veces más increíbles que la
teología».

Halldór Laxness, *El cristianismo en el glaciar*

«El ajedrez es la vida».

Bobby Fischer

Índice

Agradecimientos

No habría podido escribir este libro sin el amor y los ánimos de mi familia y mis amigos.

Quiero dar las gracias en especial a mi pareja, Jérôme Tabet. A mis padres, Jennifer y Kevin, a mis hermanos, Lee, Steven y Paul, y a mis hermanas, Claire, Maria, Natasha, Anna-Marie y Shelley.

Gracias también a Sigriður Kristinsdóttir y Hallgrimur Helgi Helgason, Laufey Bjarnadóttir y Torfi Magnússon, y Valgerður Benediktsdóttir y Grímur Björnsson por enseñarme a contar como los vikingos.

Y también a Ian y Ana Williams, mis más fieles lectores británicos, y a Olly y Ash Jeffery (¡y a Mason y Crystal también!).

Le estoy muy agradecido a Andrew Lownie, mi agente literario, y también a mis editores.

Prefacio

Hace ahora siete años pasé todas las tardes del verano sentado en la mesa de mi cocina, en el sur de Inglaterra, para escribir un libro. Se llamaba *Nacido en un día azul*. Las teclas de mi ordenador vieron pasar cientos de miles de impresiones. Mientras redactaba la historia de mis años de formación, me di cuenta de cuántas decisiones componen una misma vida. Cada frase, cada párrafo reflejaba una decisión adoptada (o no) por mí o por otra persona, un padre, un profesor o un amigo. Evidentemente, yo fui mi primer lector, y no exagero al decir que, al escribir primero y leer después el libro, el rumbo de mi vida cambió inexorablemente.

El año anterior a aquel verano había estado en el Centro de Investigación del Cerebro de California. Allí, los neurólogos me sometieron a toda una serie de pruebas para analizarme. Aquello me devolvió a una época anterior, y al hospital londinense en el que, con la intención de poder seguir mi actividad cerebral durante un posible ataque, los médicos me conectaron a un aparato de encefalografía. Los cables colgaban en cascada de mi cabecita de niño y me daban el aspecto de algo extraído de las profundidades, como los cebos luminosos de un pez abisal.

En Estados Unidos, los científicos lucían bronceado y blancas sonrisas. Me propusieron sumas para que las resolviera y largas secuencias numéricas que debía aprender de memoria. Otros instrumentos más modernos me medían el pulso y la respiración mientras pensaba. Me sometí a todos aquellos experimentos con enorme curiosidad; tenía muchas ganas de descubrir el secreto de mi infancia. Mi autobiografía arranca con su diagnóstico. Mi diferencia por fin tenía nombre. Hasta aquel momento, se había hecho referencia a ella con una amplia panoplia de ingeniosos epítetos: extremadamente tímido, hipersensible, «dos manos izquierdas» (por mencionar la pintoresca expresión de mi padre). Según los científicos, lo que yo tenía era síndrome de autismo *savant* altamente funcional: desde mi nacimiento, las sinapsis en mi cerebro habían ido formando circuitos muy poco habituales. Ya de vuelta en Inglaterra, y animado por ellos, empecé a escribir y a generar páginas que finalmente llamaron la atención de un editor londinense.

Todavía hoy sigo recibiendo mensajes de los lectores de aquel primer libro, y del segundo, *La conquista del cerebro*. Me dicen que intentan imaginar cómo debe de ser lo de percibir palabras y números en colores, siluetas y texturas diferentes. Les gustaría saber cómo se siente uno al efectuar una suma de cabeza valiéndose de estas coloristas siluetas multidimensionales. Buscan la misma belleza, la misma emoción que yo encuentro tanto en un poema como en un número primo. ¿Y qué puedo decirles yo?

Imaginadlo.

Cerrad los ojos e imaginad un espacio sin límites, o bien los acontecimientos infinitesimales que pueden conducir a que estalle la revolución en un país. Imaginad cómo puede empezar y terminar una partida perfecta de ajedrez: ¿ganan las blancas, las negras? ¿Tablas? Imaginad números tan vastos que superan la cantidad de átomos presentes en el universo, imaginad que contarais con once o doce dedos en lugar de diez, imaginad que pudierais leer un libro de una infinidad de maneras distintas. Todos tenemos esa imaginación. Cuenta incluso con una ciencia propia: las matemáticas. Dos especialistas en el estudio de la cognición matemática, Ricardo Nemirovsky y Francesca Ferrara, han escrito que «igual que la ficción literaria, la imaginación matemática se plantea posibilidades en estado puro». Eso, en esencia, es lo que a mí me parece interesante e importante sobre la forma en la que las matemáticas afectan a nuestra vida imaginativa. A menudo apenas somos conscientes de ello, pero la interacción entre conceptos numéricos impregna la forma en la que percibimos el mundo.

Este nuevo libro, colección de veinticinco ensayos sobre las «matemáticas de la vida», se plantea posibilidades en estado puro. Según la definición propuesta por Nemirovsky y Ferrara, esa pureza significa algo inmune a experiencias o expectativas previas. El hecho de que no hayamos leído nunca un libro interminable, ni hayamos contado jamás hasta el infinito (¡y más allá!), ni hayamos establecido contacto con una civilización extraterrestre (todo ello objeto de algunos de los ensayos de este libro) no debería impedirnos plantear la pregunta: ¿y si...?

Como no podía ser de otra manera, la elección de los temas tratados ha sido completamente personal y, por eso mismo, ecléctica. Hay algunos elementos autobiográficos, pero el grueso del libro se centra en cuestiones ajenas a mí. Algunos de los textos tienen carácter biográfico, y nacieron de imaginar las primeras lecciones de aritmética de un joven Shakespeare y su descubrimiento del cero (una idea novedosa en las escuelas del siglo xvi), o el calendario creado por el poeta y matemático Omar Khayyam para un sultán. Otros arrastrarán al lector a un viaje por todo el planeta y lo retrotraerán en el tiempo. Hay ensayos inspirados en la nieve de Quebec, en la forma en que se cuentan las ovejas en Islandia y en los debates de la antigua

Grecia que facilitaron el desarrollo de la imaginación matemática occidental.

La literatura aporta una dimensión adicional a la exploración de estas posibilidades en estado puro. Tal y como proponen Nemirovsky y Ferrara, escritores y matemáticos (dos vocaciones que a menudo se consideran no comparables) comparten numerosas similitudes en sus respectivos patrones de pensamiento y creatividad. En *La poesía de los números primos*, por ejemplo, abordo la forma en la que la teoría de números coincide con determinados poemas. Aun a riesgo de defraudar a los aficionados a las novelas de «estructura matemática», debo reconocer que he escrito este libro sin hacer mención en ningún momento del nombre de George Perec.

Las páginas siguientes dan cuenta de los cambios que se han producido en mi manera de ver las cosas durante los siete años posteriores a aquel verano pasado en el sur de Inglaterra. Mis viajes me han llevado a visitar muchos países a medida que mis libros pasaban de una lengua a otra, acumulando acentos. Otro aliciente ha sido la exploración de los muchos vínculos que existen entre las matemáticas y la ficción. En la actualidad vivo en el corazón mismo de París y me dedico a escribir a tiempo completo. Cada día me siento ante mi escritorio y me pregunto: ¿y si...?

DANIEL TAMMET
París
Marzo de 2012

Valores familiares

En un suburbio londinense no especialmente grande, en el que casi nunca pasaba nada, mi familia fue convirtiéndose poco a poco en la comidilla del lugar. Durante mi adolescencia, tuve que escuchar allí donde iba la misma pregunta una y otra vez: «¿Cuántos hermanos y hermanas tienes?».

La respuesta, eso lo sabía ya, era de dominio público. Nuestra familia había entrado en el folclore local e iba de boca en boca entre sus habitantes como una historieta de las buenas.

Muy paciente, mi respuesta era siempre la misma: «Cinco hermanas y tres hermanos».

Aquellas pocas palabras suscitaban siempre una reacción inmediata en mis interlocutores, que fruncían el ceño, levantaban la vista al cielo o curvaban los labios en una sonrisa. «¡Nueve hermanos!», se asombraban, como si nunca hubiesen podido imaginar que pudiera haber familias de tales dimensiones.

En el colegio, la historia era más o menos la misma. *«J'ai une grande famille»* fue de las primeras cosas que aprendí a decir en clase de monsieur Oiseau. El espectáculo de vernos a todos juntos despertaba entre mis compañeros de clase (muchos de ellos hijos e hijas únicos) comentarios que oscilaban entre un ligero desdén y la más abierta admiración. A tal punto llegó nuestra peculiar fama que durante algún tiempo superó la de cualquier otra persona en la ciudad: el frutero manco, la chica india obesa, el perro cantarín de un vecino... Todos pasaron a un segundo plano en las habladurías locales. Anulados como individuos, mis hermanas, mis hermanos y yo existíamos solo en tanto que número. No podíamos escapar de nuestra condición cuantitativa, que nos precedía dondequiera que fuéramos, incluso en francés, una lengua en la que los adjetivos casi siempre van detrás del sustantivo (pero no cuando se trata de *une grande famille*).

Con tantos hermanos de los que ocuparme, quizá no sea tan extraño que desarrollase cierta habilidad con los números. De mi familia aprendí que los números forman parte de la vida. La mayoría de mis conocimientos matemáticos no los obtuve de los libros, sino de observaciones e interacciones cotidianas. Poco a poco fui comprendiendo que los patrones numéricos son la materia de la que está compuesto nuestro mundo. Nosotros mismos, los nueve, éramos una encarnación del sistema numérico decimal: de cero (siempre que estábamos ausentes de algún lugar) a nueve. Incluso nuestro comportamiento podía guardar parecido con la aritmética: unas palabras airadas podían causar divisiones entre nosotros; otras veces, las cambiantes alianzas entre hermanos y hermanas se combinaban y recombinaban hasta resultar en nuevas ecuaciones.

En el lenguaje de los matemáticos, mis hermanos, mis hermanas y yo formamos un «conjunto» compuesto por nueve elementos. El matemático lo anotaría así:

C = {Daniel, Lee, Claire, Steven, Paul, Maria, Natasha, Anna, Shelley}

Dicho de otra manera, pertenecemos a la categoría de cosas a las que se refiere la gente cuando usa el número nueve. Otros conjuntos de este tipo podrían ser los planetas de nuestro sis-

tema solar (al menos hasta que Plutón fue degradado recientemente a la condición de no planeta), las casillas de un tablero
de tres en raya, los integrantes de un equipo de béisbol, las mu-
sas de la mitología griega y los jueces del Tribunal Supremo de
Estados Unidos. A poco que pensemos, resulta fácil dar con
otros, como por ejemplo:

{enero, febrero, marzo, mayo, junio, julio, agosto, octubre,
noviembre}, donde C = los meses del año cuyo nombre tiene una *o*.

{5, 6, 7, 8, 9, 10, J, Q, K}, donde C es el conjunto de las
posibles cartas más altas de una escalera de color jugando a
póquer.

{1, 4, 9, 16, 25, 36, 49, 64, 81}, donde C es el conjunto de
los números cuadrados comprendidos entre 1 y 99.

{3, 5, 7, 11, 13, 17, 19, 23, 29}, donde C es el conjunto de
los números primos impares inferiores a 30.

Hemos visto nueve ejemplos de conjuntos compuestos por
nueve elementos: si los reunimos obtendremos un nuevo ejemplo de un conjunto de esas características.

Del mismo modo que sucede con los colores, los números
más habituales son los que dan carácter, forma y dimensiones
a nuestro mundo. De los más frecuentes, cero y uno, podemos
decir que son como el blanco y el negro, mientras que los colores primarios (rojo, azul y verde) serían el equivalente al dos, el
tres y el cuatro. El nueve, entonces, vendría a ser como el azul
cobalto o el añil: en un cuadro no aportaría tanto forma como
sombreados. Contamos con encontrar ejemplos de nueve con la
misma rara frecuencia con la que encontramos un color como el

añil: solo de vez en cuando, y de manera sutil y desapercibida. De ahí que una familia con nueve niños sorprenda tanto como un hombre o una mujer con el pelo de color añil.

Me gustaría proponer otro motivo para el asombro de los habitantes de mi pueblo. Antes mencionaba las múltiples combinaciones y recombinaciones entre mis hermanos y hermanas. ¿De cuántas maneras puede dividirse y combinarse un conjunto de nueve elementos? Dicho de otra manera: ¿Qué tamaño tendría un conjunto compuesto por todos los subconjuntos posibles?

{Daniel} ... {Daniel, Lee} ... {Lee, Claire, Steven} ... {Paul} ... {Lee, Steven, Maria, Shelley} ... {Claire, Natasha} ... {Anna} ...

Afortunadamente, cálculos como este son muy familiares para los matemáticos. Resulta que solo tenemos que multiplicar el número dos por sí mismo tantas veces como elementos tiene el conjunto. Así, para un conjunto de nueve elementos, la respuesta a nuestra pregunta es $2 \times 2 \times 2 \times 2 \times 2 \times 2 \times 2 \times 2 \times 2 = 512$.

Esto quiere decir que en mi ciudad natal había 512 maneras diferentes de ver una combinación de hermanos Tammet. ¡512! Empieza a estar claro por qué despertábamos tanta curiosidad. A los demás habitantes del pueblo debía de parecerles que éramos innumerables.

Veamos otra manera de imaginar el cálculo que acabo de presentar. Elijamos un lugar aleatorio cualquiera en el pueblo: un aula, por ejemplo, o la piscina municipal. El primer «2» del cálculo indica la probabilidad de que yo esté presente en aquel lugar en un momento determinado (una de dos, o estoy o no estoy). La misma probabilidad es aplicable a cada uno de mis hermanos, y por ese motivo dos se multiplica por sí mismo un total de nueve veces.

Solo en una de las posibles combinaciones todos los hermanos están ausentes (del mismo modo que solo en una están presentes todos ellos). Los matemáticos llaman a eso un «conjunto vacío». Por extraño que pueda parecer, podemos definir incluso los conjuntos que no contienen nada. Así como los conjuntos de nueve elementos encarnan todo aquello que podemos imaginar, tocar o señalar cuando empleamos el número nueve, los conjuntos vacíos son todos aquellos representados por el valor cero. Por eso, si una reunión familiar navideña en mi ciudad natal puede reunir a tantos de nosotros como jueces tiene el Tribunal Supremo de Estados Unidos, una expedición a la Luna solo juntará a tantos de nosotros como elefantes rosas existen, o círculos de cuatro caras, o personas que hayan cruzado el Atlántico a nado.

Cuando pensamos y cuando percibimos, del mismo modo que cuando contamos, nuestra mente se vale de los conjuntos. El alcance de nuestros pensamientos y percepciones posibles a propósito de estos conjuntos es casi ilimitado. Fascinado por las diferentes subdivisiones y categorías culturales de un mundo de infinita complejidad, el escritor argentino Jorge Luis Borges proponía una sardónica ilustración en una ficticia enciclopedia china que tiene por título *El emporio celestial de conocimientos benévolos*.

En sus remotas páginas está escrito que los animales se dividen en (a) pertenecientes al Emperador, (b) embalsamados, (c) amaestrados, (d) lechones, (e) sirenas, (f) fabulosos, (g) perros sueltos, (h) incluidos en esta clasificación, (i) que se agitan como locos, (j) innumerables, (k) dibujados con un pincel finísimo de pelo de camello, (l) etcétera, (m) que acaban de romper el jarrón, (n) que de lejos parecen moscas.

Borges, que no dejaba escapar la oportunidad de insertar algo de humor en sus textos, plantea aquí varias ideas que invitan a la reflexión. En primer lugar, y pese a que un conjunto tan familiar para nosotros como «animales» implica limitación y comprensión, el número de posibles subconjuntos tiende en realidad a infinito. Las taxonomías habituales ocultan este dato tras un puñado de etiquetas genéricas («mamífero», «reptil», «anfibio», etc.). Decir, por ejemplo, que una pulga es diminuta, parasitaria y capaz de grandes saltos, apenas empieza a arañar la superficie del conjunto de sus distintos atributos.

En segundo lugar, la definición de un conjunto está más próxima al arte que a la ciencia. Al afrontar el problema de un número aparentemente infinito de posibles categorías tendemos a escoger unas pocas, las más habituales y conocidas en nuestras culturas respectivas. Las descripciones occidentales del conjunto de elefantes dan prioridad a subconjuntos tales como «aquellos que son muy grandes» y «aquellos que tienen colmillos», e incluso «aquellos dotados de una memoria excelente», al tiempo que excluyen otras posibilidades igualmente válidas, como la borgiana «aquellos que de lejos parecen moscas» o la hindú «aquellos que traen suerte».

La memoria es otro ejemplo de como preferimos determinados subconjuntos (por experiencia) sobre otros en el modo en el que hablamos y pensamos a propósito de una categoría de cosas. Cuando se le pregunta por su cumpleaños, un hombre pensará de inmediato en la empalagosa porción de tarta de chocolate que engulló, en el entusiasta abrazo que le dio su esposa o en el par de calcetines de color verde fluorescente que le regaló su madre. Al mismo tiempo, lo más probable es que se le escapen cientos de detalles, cuando no miles, que igualmente conformaron ese día tan especial, desde los más mundanos (como las migas de la tostada del desayuno que se sacudió del regazo) hasta los más peculiares (como la súbita granizada de aquella tarde de mediados de julio, que se prolongó durante varios minutos).

Retomemos ahora la lista de subconjuntos de animales de Borges. Varias de sus categorías resultan paradójicas: tomemos por ejemplo el subconjunto (j): «innumerables». ¿Cómo puede un subconjunto de algo (incluso imaginario, como los animales de Borges) ser de tamaño infinito? ¿Cómo puede una parte de cualquier colección no ser más pequeña que el todo?

La taxonomía de Borges se inspira claramente en la obra de Georg Cantor, matemático alemán del siglo XIX cuyos importantes descubrimientos en el estudio del infinito nos aportan una respuesta a esta paradoja.

Cantor demostró, entre otras cosas, que efectivamente existen partes de un todo (subconjuntos) de igual tamaño que el todo (conjunto). El acto de contar implica cotejar los elementos de un conjunto con los de otro. «Dos conjuntos A y B tienen el mismo número de integrantes solo si existe una correspondencia perfecta entre estos». Por eso, si establezco una correspondencia entre cada uno de mis hermanos y yo mismo con un jugador de un equipo de béisbol, o con un mes del año cuyo nombre tenga la letra *o*, puedo concluir que cada uno de esos conjuntos es equivalente y que todos contienen exactamente nueve elementos.

A continuación, el gran salto mental de Cantor: análogamente comparó el conjunto de todos los números enteros (1, 2, 3, 4, 5 ...) con cada uno de sus subconjuntos, como los pares (2, 4, 6, 8, 10 ...), los impares (1, 3, 5, 7, 9 ...) y los primos (2, 3, 5, 7, 11 ...). Así como establecíamos correspondencias perfectas entre cada uno de los integrantes de un equipo de béisbol y mis hermanos y yo, Cantor descubrió que era posible asignar a cada número natural un número par, un número impar y un número primo. Su increíble conclusión fue que existen «tantos» números pares (o impares, o primos) como todos los números combinados.

La lectura de Borges me lleva a considerar la enorme variedad de subconjuntos posibles en los que podría clasificarse el «conjunto» de mi familia, mucho más allá de los que simplemente aluden a la multiplicidad. Todos mis hermanos y hermanas son hoy adultos, y algunos de ellos incluso han tenido hijos. Otros se han trasladado y viven ahora muy lejos, en lugares más cálidos e interesantes desde donde nos envían postales. Las oportunidades de reunirnos todos son escasas, y es una verdadera lástima. Por supuesto, mi opinión no es imparcial, pero es que quiero a mi familia. Tengo mucha familia a la que querer. Pero el tamaño hace tiempo que dejó de ser nuestro rasgo definitorio. Nosotros nos vemos desde otro prisma: aquellos que son estudiosos, aquellos que prefieren el café al té, aquellos que nunca han plantado una flor, aquellos que todavía ríen en sueños...

Como las obras literarias, las ideas matemáticas nos ayudan a ampliar nuestro círculo de empatías y nos liberan de la estrechez de miras y la tiranía del pensamiento único. Si sabemos mirarlos, los números hacen de nosotros mejores personas.

La eternidad en una hora

En otra época yo fui un niño, y me encantaba leer cuentos de hadas. Entre mis favoritos estaba *Las gachas dulces*, de los hermanos Grimm. En él, una niña pobre de buen corazón recibe de una hechicera un puchero capaz de producir por sí solo tantas gachas dulces como la niña y su madre pudiesen comer. Un día, después de comer hasta hartarse, la madre olvidó decir las palabras mágicas: «¡Pucherito, párate!».

«Y así, cuece que cuece, hasta que las gachas llegaron al borde del puchero y cayeron fuera; y siguieron cuece que cuece, llenando toda la cocina y la casa, y luego la casa de al lado y la calle, como si quisieran saciar el hambre del mundo entero».

Solo cuando la hija vuelve a casa y pronuncia las palabras necesarias se pone fin a la pringosa avalancha.

Los hermanos Grimm me descubrieron el misterio del infinito. ¿Cómo podían manar tantas gachas de un puchero tan pequeño? Y me dio por pensar. Un copo de avena es algo insignificante. Si lo metemos en un cuenco, lo más normal es que no lo veamos ni rascando con la cuchara. Lo mismo puede decirse de una gota de leche o de un grano de azúcar.

Pero ¿y si un puchero mágico distribuyera esos diminutos copos de avena y gotas de leche y granos de azúcar de manera especial, de forma que cada copo y cada gota y cada grano tuviera su propia posición en el puchero sin necesidad de tocarse? Imaginé entonces cinco, diez, cincuenta, cien, mil copos y gotas y granos, cada uno ajeno a los demás, suspendidos en el espacio cóncavo, como las estrellas. Uno a uno se van añadiendo a esta constelación en constante evolución más copos de avena, más gotas de leche, más granos de azúcar, que van conformando microscópicas Osas Mayores y Oriones. Pongamos que llegamos al copo de avena número diez mil cuatrocientos setenta y tres. ¿Dónde lo colocamos? Y entonces mi mente infantil imaginó los diminutos huecos existentes entre cada copo de avena y cada gota de leche y cada grano de azúcar. Con cada nuevo elemento aparecerían nuevos huecos minúsculos. Mientras la magia del puchero impidiese el contacto entre ellos, cada nuevo copo (y cada nueva gota, y cada nuevo grano) encontraría el espacio que le correspondía.

La princesa y el guisante, de Hans Christian Andersen, también me hizo reflexionar sobre el infinito, pero en esta ocasión sobre una infinidad de fracciones. Una noche, una joven que dice ser princesa llama a las puertas de un castillo. Fuera arrecia la tormenta: la lluvia ha arruinado su vestido y ha ensombrecido su cabello dorado. Su estampa es tan lamentable que la reina del castillo no acaba de creer que sea de alta cuna. Decide entonces ponerla a prueba y coloca un guisante bajo el lecho en el que dormirá la joven (al parecer las princesas son tan delicadas que la más mínima incomodidad puede provocarles una noche en blanco). Sobre la cama se apilan veinte colchones. Aun así, a la mañana siguiente la muchacha reconoce que apenas ha podido pegar ojo.

Pensando en todos aquellos colchones me quedaba despierto hasta mucho más tarde de mi hora de ir a la cama. Según mis cálculos, un segundo colchón doblaría la distancia entre la espalda de la princesa y el molesto guisante. Es decir, la legumbre sería la mitad de prominente que antes. Otro colchón reduciría el bulto provocado por el guisante a un tercio. Pero si el cuerpo de la joven princesa era lo suficientemente sensible como para detectar la mitad de un guisante (bajo dos colchones o un tercio de guisante bajo tres), ¿por qué no iba a ser tan sensible como para detectar una veinteava parte? Es más, en caso de haber desarrollado una sensibilidad ilimitada (nos encontramos en un cuento de hadas, después de todo), incluso una centésima parte, o una milésima parte, o una millonésima parte de un guisante le resultaría insoportable.

Y eso me llevó de nuevo a los hermanos Grimm y su cuento de las gachas. Para la princesa, un solo guisante resultaba infinitamente grande; para la niña pobre y su madre, incluso una riada de gachas les sabía a infinitamente poco.

«Tienes demasiada imaginación», me dijo mi padre cuando le confié mis reflexiones. «Siempre tienes la nariz metida en un libro». Mi padre tenía un montón de novelas de bolsillo, y compraba habitualmente los periódicos dominicales, pero nunca fue un lector particularmente entusiasta. «Sal a jugar a la calle, pasar tanto tiempo encerrado no puede ser bueno».

Jugar al escondite en el parque con mis hermanos y hermanas me daba para unos diez minutos. Los columpios me entretenían más o menos el mismo tiempo. Cuando íbamos a pasear al lago y echábamos pan en las aguas turbias, hasta los patos parecían aburrirse.

Los juegos en el jardín eran bastante más entretenidos. Librábamos combates, nos lanzábamos hechizos y viajábamos en el tiempo. Subidos en una caja de cartón navegábamos por el Nilo; una sábana bastaba para levantar una tienda en las colinas de Roma. En otras ocasiones, me bastaba con pasear durante horas por las calles para ser feliz, mientras creaba toda clase de aventuras y expediciones imaginarias.

Un día, volviendo de China oí el tronar sordo de una tormenta y corrí a refugiarme en la biblioteca municipal. Todos me conocían allí: era un visitante habitual. El personal y yo intercambiamos un breve saludo con la cabeza. A su alrededor transcurrían pasillos y más pasillos de libros. Siglos de saber acumulado tapizaban las paredes, y al recorrerlos iba pasando la punta de los dedos por las estanterías aparentemente interminables.

Mi sección favorita rebosaba de diccionarios y enciclopedias, las piedras de toque de los demás libros. Todos parecían prometer (aunque no podían cumplir, claro) la suma del conocimiento humano: todos los datos, todas las ideas, todas las palabras. Una serie de divisiones servía para controlar semejante cantidad de información (A-C, D-F, G-I) y cada división contaba a su vez con subdivisiones propias (Aa-Ad ... Di-Do ... Il-In). Muchas de estas subdivisiones tenían también subdivisiones (Hai-Han ... Una-Unf) y algunas estaban subdivididas incluso un nivel más (Inte-Intr). ¿Por dónde empezar? Y lo que quizá sea más importante: ¿dónde detenerse? Yo acostumbraba a dejarlo al azar. Sacaba un tomo cualquiera de la estantería y dejaba que se abriese por sí solo, y durante una hora me sentaba a leerlo todo sobre Bora Bora, los borborigmos y Borg, escala de.

Absorto en la lectura, no oí el insistente «tap, tap» de los pasos que se acercaban por el encerado pasillo. Era uno de los bibliotecarios, vecino nuestro, además: su esposa y mi madre se llevaban bastante bien. Era un hombre alto (aunque para un niño todos los adultos lo son, ¿no?) y delgado, de cabeza alargada rematada con unos escasos mechones de pelo canoso.

—Tengo un libro para ti —me dijo el bibliotecario. Levanté la cabeza y acepté la recomendación que me tendía con sus manazas. En la portada llevaba pegada una etiqueta: SELECCIÓN DEL MES DEL CLUB DE LECTORES EMPEDERNIDOS. El libro era *Los incursores*. Le di las gracias, no tanto por gratitud sino para poner fin al súbito eclipse que oscurecía mi mesa. Pero cuando una hora después dejé el lugar, el libro salió de allí conmigo, convenientemente registrado y firmemente sujeto bajo el brazo.

En él se narraba la historia de una familia diminuta que vivía bajo el suelo de madera de una casa. Para amueblar su modesto hogar, el padre hacía de vez en cuando «incursiones» por la casa y tomaba prestados los restos que encontraba.

Mis hermanos y yo intentábamos imaginarnos cómo sería una vida a tan pequeña escala. En mi imaginación veía aquel mundo en constante contracción. Cuanto más pequeño me hacía, mayor era todo lo que me rodeaba. Lo que hasta entonces había sido familiar me resultaba extraño, y lo desconocido me parecía familiar. De repente, un rostro dotado de orejas, ojos y cabello se convertía en una vasta extensión de matojos, surcos y calor. El más pequeño de los peces se convertía en ballena. Las motas de polvo echaban a volar como los pájaros y se arremolinaban sobre mi cabeza. Seguí disminuyendo de tamaño hasta que todo lo que consideraba conocido desapareció por completo, hasta que no fui capaz de distinguir entre un montón de ropa sucia y una montaña rocosa.

Cuando visité la siguiente vez la biblioteca me uní al Club de lectores empedernidos. A cada mes se le asignaba un clásico de la literatura infantil; algunos de los libros escogidos me fascinaron más que otros, pero el que de verdad me cautivó fue el de diciembre: *El león, la bruja y el ropero*, de C. S. Lewis. Desde sus páginas seguí las peripecias de Lucy, que fue enviada junto con sus hermanos «lejos de Londres durante la guerra, a causa de los bombardeos aéreos [...] a casa de un anciano profesor que vivía en el interior del país». Era «de esas casas que parecen no acabarse nunca, y estaba repleta de rincones inesperados».

De la mano de Lucy entré en el espacioso armario ropero de una de las habitaciones vacías, forcejeé con las densas filas de ropas ribeteadas de polvo, buscando el fondo con las manos extendidas. También yo escuché de repente el crujir de la nieve bajo mis pies, y vi que los abrigos de pieles daban paso a los abetos de un mundo mágico, a un armario ropero de distancia del nuestro.

Narnia se convirtió en uno de mis lugares preferidos, y aquel invierno lo visité en numerosas ocasiones. La lectura repetida de la historia consiguió tenerme animado e ilusionado durante muchos meses.

Un día, durante el breve paseo de regreso a casa desde el colegio, aquellas imágenes me vinieron de pronto a la cabeza. Las farolas que bordeaban la calle me recordaron a la farola sobre la que había leído en el libro, aquel punto en el horizonte desde el que los niños podían regresar al calor y las bolitas de naftalina del armario ropero del profesor.

Estábamos todavía a media tarde, pero las luces de la calle estaban ya encendidas. Halos fluorescentes se recortaban a intervalos regulares contra el cielo del atardecer. Decidí contar el tiempo que me llevaba recorrer con paso regular el espacio entre una farola y la siguiente. Ocho segundos. Luego deshice mis pasos, contando hacia atrás, y obtuve el mismo resultado. Un poco más adelante vi encenderse la luz en casa de mis padres, tenues rectángulos amarillos entre bloques de ladrillo rojo. Pero yo los veía solo a medias.

Estaba enfrascado en esos ocho segundos. Para llegar a la farola siguiente solo tenía que dar algunos pasos. Antes de llegar a ella, tendría que llegar primero a medio camino. Eso me llevaría cuatro segundos. Pero esa observación implicaba que los cuatro segundos restantes también tendrían un punto intermedio, al que llegaría seis segundos después de empezar a contar. Me faltarían entonces dos segundos para llegar al destino. Pero antes de llegar se me interpondría, un segundo después, otro punto medio. Y ahí es cuando noté que mi cerebro empezaba a echar chispas bajo el gorro de lana, porque después del séptimo segundo, el octavo y último, también tendría un punto intermedio propio. Tras recorrer siete segundos y medio, el medio segundo restante no transcurriría sin que primero pasase por su punto intermedio. Con siete segundos y tres cuartos transcurridos, todavía tendría por delante un tozudo cuarto de segundo. Cruzarlo hasta la mitad me dejaría todavía un octavo de segundo por recorrer. Estaría a un dieciseisavo de segundo de la farola, y luego a 1/32 de segundo, y luego a 1/64, y luego a 1/128, y así sucesivamente. La fracción de una fracción de una fracción de segundo me separaría siempre de la meta.

De repente, pensé que ya no podía confiar en que aquellos ocho segundos me condujesen hasta mi destino. Peor aún, no podía estar seguro de que me permitiesen avanzar ni un centímetro. Las mismas fracciones interminables de segundo que había observado al final de mi trayecto eran igualmente aplicables a su inicio. Digamos que el paso inicial me llevaba un segundo; ese segundo, por supuesto, tenía un punto intermedio. Y antes de cruzar ese medio segundo tendría primero que pasar por su punto intermedio (el cuarto de segundo inicial), y así sucesivamente.

Pese a todo, mis piernas se hicieron cargo de todas aquellas fracciones de segundo como siempre habían hecho. Mientras me recolocaba el peso de la mochila sobre los hombros, recorrí el espacio entre las farolas y conté de nuevo hasta ocho. La última palabra sonó desafiante en el frío de la tarde. El silencio que le siguió, sin embargo, fue efímero. «¿Qué haces ahí parado, con lo oscuro que está y el frío que hace?», me gritó mi padre desde el rectángulo amarillo de la puerta abierta. «Entra en casa».

No se me olvidó nunca la infinidad de fracciones que acechaban entre las farolas de mi calle. Día tras día me vi a mí mismo ralentizando la marcha al pasar a su lado, temeroso quizá de resbalar y caer por los huecos entre los segundos enteros. Debía de ser un espectáculo verme avanzar con precavidos pasitos, centímetro a centímetro, cargado como iba con mi informe mochila y mi gorro redondo de lana.

Números dentro de números: ¡y cada vez más diminutos! Estaba asombrado. Las fracciones de fracciones de fracciones de fracciones de fracciones no acababan nunca. Sumadas a cero, apenas suponían una diferencia. Si se le sumaban decenas, centenares, millares, millones, billones de ellas a cero, el resultado seguiría siendo casi cero. Solo un número infinitamente grande de esas fracciones podría conducir de cero a uno, de nada a algo:

$$1/2 + 1/4 + 1/8 + 1/16 + 1/32 + 1/64 + 1/128 + 1/256 + 1/512 + 1/1024 ... = 1.$$

Una tarde de Año Nuevo, mi madre, bastante nerviosa, me pidió que me portara bien. Los invitados, una rareza en nuestra casa, iban a llegar en cualquier momento para la cena. Al parecer, mi madre quería corresponder a un favor que le había hecho la mujer del bibliotecario.

—Nada de preguntas raras —dijo—, ni de codos en la mesa. ¡Y en una hora a la cama!

El bibliotecario y su esposa llegaron puntuales con una botella de vino que mis padres no descorcharon. De espaldas el uno al otro, se quitaron sus respectivos abrigos antes de sentarse a la mesa del comedor el uno al lado de la otra. La mujer le hizo un cumplido a mi madre a propósito del mantel de cuadros.

—¿Dónde lo compraste? —preguntó, ahogando así el suspiro de su marido.

Mi padre había preparado pollo asado con guarnición de patatas, zanahorias y guisantes, que comimos mientras el bibliotecario hablaba. Todas las miradas estaban clavadas en él. Habló sobre el tiempo, sobre la política local y sobre todas las bobadas que emitían sin cesar por televisión. A su lado, su mujer comía lentamente, con una sola mano, mientras la otra tironeaba suavemente su fino cabello negro. En un momento del monólogo de su marido le dio unos golpecitos en la mano que él mantenía firmemente apretada.

—¿Qué pasa? ¿Qué pasa?

—Nada.

Rápidamente devolvió el tenedor al plato. Parecía a punto de romper a llorar.

Nada duchos en el arte de la hospitalidad, mi madre y mi padre se miraron impotentes. Enseguida recogieron los platos y empezaron a servir las copas de helado. El ambiente en el comedor era gélido.

Pensé entonces en la infinidad de puntos que pueden dividir el espacio entre dos corazones humanos.

Contar hasta cuatro en islandés

Pregúntele a un islandés qué viene después de tres y este le responderá: «¿Tres qué?». En lugar de dejarse llevar por la irritación que le sonroja las mejillas, sugiera algo, o mejor aún, señálelo con el dedo. «Ah», dirá entonces el islandés. Las cuatro ovejas, haciendo caso omiso del viento, contemplarán mientras el índice que las apunta con aire inexpresivo. «*Fjórar*», responderá por fin.

Hay otro motivo por el que sentirse irritados. Si echa mano del bolsillo para sacar el manual de conversación (imagino que será uno de esos plastificados tan prácticos) y consulta la página de los números, junto al numeral 4 encontrará la palabra *fjórir*. No se trata de un error de imprenta, y tampoco ha escuchado mal lo que decía el islandés. Ambas palabras son correctas: ambas significan 'cuatro'. Con esto puede empezar a hacerse una idea de la sofisticada manera de contar que tiene esta gente.

La primera vez que oí hablar islandés fue hace varios años, durante un viaje a Reikiavik. Gracias a Dios viajaba sin guía de conversación en el bolsillo. Llegué apenas pertrechado con una idea muy vaga de la forma y los sonidos del inglés antiguo, algo de alemán aprendido en bachillerato y mucha curiosidad. Esa misma curiosidad ya había salido a relucir durante mi visita a Francia. Más al norte, seguía prefiriendo la conversación a los manuales.

Aborrezco esos manuales. Detesto la forma en que intentan meter a la fuerza en una misma página las palabras más incongruentes (como «taza» y «estantería», o «lápiz» y «cenicero») para hablar de «vocabulario». Cuando conversamos, el lenguaje es siempre fluido, móvil, y uno tiene que moverse con él. Vas hablando y moviéndote, y vas viendo de dónde vienen las palabras y hacia dónde deberían ir. Así fue como aprendí a contar como los vikingos.

Los islandeses aplican una distinción extremadamente sutil a las cantidades más pequeñas. «Cuatro» ovejas son algo distinto a «cuatro», la palabra para contar en abstracto. A ningún campesino de Hveragerði se le ocurriría contar ovejas en abstracto; ni tampoco a su esposa, a su hijo, al sacerdote o al vecino. Poner las dos palabras juntas (como se haría en un manual de conversación) no tendría para ellos ningún sentido.

Pero no crea que esta diversidad numérica es solo aplicable a las ovejas. Evidentemente, estos mamíferos lanudos no son tema de conversación frecuente en las ciudades. Mis amigos de Reikiavik hablan de cumpleaños, autobuses y pantalones vaqueros como haríamos usted y yo; pero cada uno de esos objetos (o acontecimientos) exige en islandés su propia palabra para contarla.

Un niño que cumple dos años, por ejemplo, tiene *tveggja* años. Y eso pese a que en la guía de conversación se afirma que *tveir* es la palabra adecuada para decir dos. La edad, que para nuestra forma de pensar es un concepto tan abstracto como el acto de contar, se convierte en islandés en un fenómeno tangible. Quizá usted también percibe la diferencia: la palabra *tveggja* ralentiza la voz y crea una sensación de duración. Puede oírse incluso con mayor claridad en la palabra que se utiliza para decir la edad de un niño de cuatro años: *fjögurra*. Curiosamente, estos sonidos se aplican casi exclusivamente para aludir al paso de los años: las mismas palabras apenas se usan para hablar de meses, días o semanas. Las horas que marca el reloj, sin embargo, hacen que el islandés se exprese con parquedad: la hora que sigue a la una en punto es *tvö*.

¿Qué hay de los autobuses? En este caso, los números no aluden tanto a la cantidad como a la identidad. En Reino Unido o en Estados Unidos hablamos del «autobús número 3» y convertimos el número en un nombre. Los islandeses hacen algo parecido. En Reikiavik el autobús número 3 es simplemente *pristur* (mientras que, para contar hasta tres, el islandés dice *prír*). Y si hablamos del autobús número 4, será *fjarkiis*.

Tercer ejemplo, los pares, de pantalones, calcetines o zapatos. En este caso, los islandeses consideran «uno» como un plural: *einar* par de pantalones, en lugar del *einn* que indica la guía de conversación.

Con el tiempo y la práctica he conseguido aprender todas estas palabras, que entre los números uno y cuatro suman más términos de los que hacen falta en inglés para contar hasta cincuenta. ¿Por qué los islandeses tienen tantas palabras para tan pocos números? Por supuesto, también podríamos preguntarnos: ¿por qué en inglés se nombran tantos números con tan pocas palabras? Mi teoría es que en inglés los números se consideran algo más o menos etéreo, son categorías, no cualidades. Y no es ese el caso con las cifras más pequeñas en islandés. Así, podríamos comparar sus diferentes versiones de uno, dos, tres y cuatro con los matices con que escribimos los colores. En nuestro idioma, la palabra «rojo» es abstracta, indiferente al objeto al que acompaña, mientras que palabras como «carmesí», «escarlata» y «púrpura» poseen matices de significado muy concreto que condicionan su uso.

Vemos, pues, que los islandeses aplican a los números más pequeños las gradaciones y matices que nosotros empleamos con el color. Cabe preguntarse por qué se detuvieron llegados al número cinco (para el que solo existe una palabra, igual que para todos los números posteriores). Según los psicólogos, el ser humano solo es capaz de contar instintivamente cantidades de hasta cuatro unidades. Vemos tres botones en una camisa y decimos «tres»; observamos que sobre una mesa hay cuatro libros y decimos «cuatro». Es un proceso desprovisto de pensamiento consciente: nos resulta tan fácil como el habla con el que pronunciamos las palabras. Los mismos psicólogos nos explican que los números más pequeños son los que más presentes están en nuestras mentes. Cuando se nos pide que escojamos un número entre uno y cincuenta, tendemos a elegirlo de la parte baja del rango (son muchos menos los que dicen «cuarenta» que los que dicen «catorce»). Es una posible explicación de por qué solo las cantidades más habituales se nos antojan reales, y de por qué aceptamos la mayoría de los números solo porque confiamos en un maestro o un libro de texto. Para nosotros, cuarenta es solo un concepto vago; catorce, en cambio, es una sensación aprehensible. Cuatro, a su vez, es algo que reconocemos como sólido, definido. En islandés es posible bautizar «Cuatro» a uno de tus hijos.

No hablo chino, pero he leído que su sofisticación a la hora de contar supera incluso a la del islandés. Un pastor de la China rural dice *sì zhī* cuando su rebaño suma cuatro cabezas, mientras que un caballista con la misma cantidad de caballos utilizará *sì pǐ* para referirse a ellos. Esto se debe a que, en chino, las cabalgaduras se cuentan de manera distinta a otros animales, incluidos los domésticos. A la pregunta de cuántas vacas ha ordeñado esta mañana, un granjero responderá *sì tóu*. El pescado constituye otra excepción. *Sì tiáo* es la palabra con la que un pescador contaría las cuatro capturas del día.

A diferencia de lo que sucede con el islandés, en chino estas finas distinciones se aplican a todas las cantidades. Sus hablantes consiguen escapar a la infinidad de problemas de memoria que podrían plantear gracias a las generalizaciones. *Sì tiáo* significa cuatro cuando contamos peces, pero también pantalones, carreteras, ríos y otros objetos largos, delgados y flexibles. Un cerrajero utilizará *qī bǎ* (siete) para enumerar sus llaves, pero un ama de casa hará lo mismo con sus siete cuchillos, o un sastre con sus siete tijeras (u otros objetos prácticos). Imaginemos que con esas tijeras corta en dos una pieza de tela. Diría entonces que tiene *liǎng zhāng* piezas de tela, utilizando la misma palabra que emplearía con papel, cuadros, billetes, sábanas y mantas. El sastre enrolla la tela y forma con ella dos tubos largos y bastante rígidos. La palabra utilizada para contarlos entonces sería *liǎng juǎn* (dos pergaminos o dos carretes fotográficos se contarían de la misma manera). Si hiciera dos pelotas con la tela, el sastre las contaría como *liǎng tuán*, palabra que caracteriza a los objetos redondos.

Cuando cuentan gente, los chinos empiezan con *yī ge* (uno), aunque para referirse a los habitantes del pueblo y miembros de su propia familia empiezan con *yī kǒu*, y con *yī míng* para hablar de abogados, políticos y miembros de la realeza. De este modo, las multitudes se enumeran en función de su composición. Así, un centenar de manifestantes sería *yībǎi ge* si el grupo estuviese formado por estudiantes, por ejemplo, pero *yībǎi kǒuif* si procedieran de una aldea.

El método es tan complejo que, en algunas regiones chinas, las palabras correspondientes a determinados números han adquirido las propiedades variables de un dialecto. *Wǔshíli*, por ejemplo, la palabra que en mandarín estándar significa 'cincuenta' (para contar objetos pequeños y redondos como los granos de arroz), le suena verdaderamente enorme a los hablantes del dialecto mǐn nán, que la emplean para contar las sandías.

La profusión de palabras que islandeses y chinos emplean

para contar parece ser la excepción a la norma. La mayoría de las lenguas tribales del planeta, por el contrario, se las arregla con un simple puñado de nombres para sus números. Parece ser que los vedda, una tribu indígena de Sri Lanka, dispone solo de palabras para los números uno (*ekkamai*) y dos (*dekkamai*). Cuando las cantidades son mayores, continúan con *otameekai, otameekai, otameekai...* («y uno más, y uno más, y uno más...»). Otro ejemplo lo encontramos en los caquinte peruanos, que cuentan uno (*aparo*) y dos (*mavite*). Al tres lo llaman «es otro más»; al cuatro, «el que le sigue».

En Brasil, los munduruku imitan las cantidades añadiendo una sílaba adicional a cada nuevo número: uno es *pug*, dos es *xep xep*, tres es *ebapug* y cuatro es *edadipdip*. Como no deja de ser lógico, no cuentan más allá de cinco. El método imitativo tiene limitaciones evidentes. Basta con imaginar un nombre de número con tantas sílabas como árboles hay en el camino a una fuente de alimento. La tediosa y aparentemente infinita concatenación de sílabas resultaría excesiva para la lengua de cualquier hablante (por no hablar de la capacidad de concentración del oyente). Duele la cabeza con solo imaginar lo que sería tener que aprender a recitar las tablas de multiplicar con este sistema.

Puede que todo esto le resulte incomprensible a quien se haya criado hablando idiomas capaces de contar por millares y millones, pero al menos hace que la relación entre una cantidad y la palabra correspondiente suene lógica y directa. Sin embargo, muchas veces no es así. En muchas lenguas tribales podemos observar que los nombres de los números son completamente intercambiables, de manera que la palabra correspondiente a «tres» puede a veces significar «dos» o incluso «cuatro» o «cinco». En ocasiones sucede que la palabra que significa «cuatro» es sinónima de «tres» y «cinco», y menos frecuentemente de «seis».

Dentro de estas comunidades, pocas circunstancias requieren una mayor precisión numérica. Todo número que exceda la cantidad de dedos de la mano es superfluo en su modo de vida tradicional. Después de todo, en muchos de estos lugares no existen documentos legales que requieran fechas, ni burocracias que recauden impuestos, ni relojes, ni calendarios, ni abogados o contables, ni bancos ni billetes, ni termómetros o partes meteorológicos, ni escuelas, ni libros, ni naipes, ni colas, ni zapatos (ni, consecuentemente, tallas de zapato), ni tiendas, ni facturas, ni deudas que saldar. Decirles que un grupo de personas está compuesto por exactamente once individuos tendría para ellos el mismo valor que informarles de que ese mismo grupo reúne ciento diez dedos en sus manos, y otros tantos en los pies.

En la jungla amazónica habita una tribu que no sabe nada en absoluto de números: son los pirahã, o hi'aiti'ihi, que significa «los rectos». Los pirahã muestran escaso interés por el mundo exterior. Rodeadas por infinidad de árboles, sus cabañas se arraciman en pequeños grupos a orillas del río Maici. La lluvia, gris y torrencial, se torna verde al caer sobre la exuberante fronda y las altas hierbas. El calor y la humedad son constantes, día tras día, lo que provoca que el rostro de los misioneros y lingüistas que visitan la región parezca continuamente abochornado. Los niños corretean desnudos por la aldea, sus madres llevan vestidos ligeros obtenidos mediante trueque con comerciantes brasileños. La misma fuente surte a los hombres de camisetas de vivos colores, restos de campañas políticas pasadas que instan a quien las ve a votar a Lula.

La población se alimenta de yuca, pescado fresco y tamandúa (oso hormiguero) asado. La labor de obtener alimento se divide en función del sexo. Las mujeres salen de las cabañas al alba para cultivar la yuca y recolectar leña, mientras que los hombres parten río arriba o río abajo para pescar. Pueden pasar el día entero así, arco y flecha en mano, observando el agua. Sin medios para almacenar el pescado, toda captura se consume rápidamente. Los pirahã distribuyen la comida de la siguiente manera: cada miembro de la tribu recibe aleatoriamente una generosa porción de comida hasta que se agota. Quienes no han recibido comida se la piden a un vecino, que debe compartirla. Este procedimiento termina solamente cuando todos se han saciado.

La mayor parte de lo que sabemos sobre los pirahã se debe a la labor de Daniel Everett, un lingüista californiano que ha dedicado treinta años a estudiarlos de cerca. Con perseverancia profesional consiguió entrenar gradualmente su oído hasta interpretar palabras y frases comprensibles en sus interjecciones cacofónicas; por el camino se convirtió en el primer extraño que se integraba en el modo de vida de la tribu.

El californiano comprobó asombrado que la lengua que estaba aprendiendo no tenía palabras específicas para medir el tiempo o la cantidad. Los nombres para los números, como «uno» o «dos», son algo desconocido. Los miembros de la tribu se quedaban confusos, cuando no indiferentes, ante cualquier pregunta relacionada con los números. Los padres no son capaces de decir cuántos hijos tienen, pese a que recuerdan todos sus nombres. La mente de los pirahã no concibe planes o patrones que exceden un día de duración.

El trueque con comerciantes extranjeros consiste simplemente en darles nueces hasta que el comerciante indica que se ha alcanzado el precio. Nunca señalan con los dedos, ni los doblan para contar: cuando quieren indicar una cantidad se limitan a volver hacia abajo la palma de la mano, utilizando el espacio entre la mano y el suelo para dar a entender la altura que alcanzaría el montón formado por tal cantidad.

Al parecer, los pirahã no distinguen entre una persona y un grupo de personas, ni entre un pájaro y una bandada, ni entre una partícula de harina de yuca y un saco de la misma harina. Para ellos, todo es pequeño (*hói*) o grande (*ogii*). Un guacamayo solitario es una bandada pequeña; la bandada, un guacamayo grande. En su *Metafísica*, Aristóteles muestra que el acto de contar requiere una comprensión previa de lo que es «uno». Para contar cinco, diez o veintitrés pájaros, primero debemos identificar un pájaro, una idea de «pájaro» que resulte aplicable a cualquier variedad. Pero a la tribu estas abstracciones le resultan completamente ajenas.

Con la abstracción, los pájaros se convierten en números. Las personas y las yucas también. Podemos contemplar una escena y decir: «Hay dos personas, tres pájaros y cuatro yucas», pero también: «Hay nueve cosas» (sumando dos y tres y cuatro). Los pirahã no lo ven así. Ellos preguntan: «¿Qué son esas cosas?», «¿dónde están?», «¿qué hacen?». Un pájaro vuela, una persona respira y una yuca crece. No tiene sentido agruparlas. La persona es un mundo pequeño. El mundo es una yuca grande.

No sorprende, entonces, comprobar que los pirahã tienen grandes dificultades para interpretar dibujos y fotografías. Sostienen las fotografías de lado, o boca abajo, incapaces de ver lo que supuestamente representa la imagen. Tampoco les resulta sencillo dibujar una imagen, o incluso trazar una línea recta. No saben copiar siluetas sencillas. Muy probablemente no tengan ningún interés en hacerlo. En lugar de ello, emplean los lápices (proporcionados por lingüistas o misioneros) para producir marcas circulares repetitivas, cada una ligeramente distinta a la anterior.

Quizá eso explique también por qué los pirahã no cuentan historias ni tienen mitos de la creación. Las historias, tal y como las entendemos nosotros, tienen intervalos: un inicio, una parte intermedia y un final. Cuando narramos una historia, la contamos: ponerle nombre a cada intervalo es el equivalente a numerarlos. Pero los pirahã solo hablan del presente inmediato; no tienen un pasado que condicione sus actos, ni un futuro que motive su pensamiento. La historia, tal como le explicaron a su compañero estadounidense, es el lugar «donde nada sucede y todo es lo mismo».

Por si acaso alguien se ha llevado la impresión de que tribus como la de los pirahã tienen ciertas carencias intelectuales, me gustaría mencionar ahora al pueblo de los guugu yimithirr de la región norte de Queensland, en Australia. Como sucede en la mayoría de lenguas aborígenes, los guugu yimithirr disponen solo de un puñado de palabras para referirse a los números: *nubuun* (uno), *gudhirra* (dos) y *guunduu* (tres o más). La misma lengua, sin embargo, les permite ubicarse geométricamente en su espacio. Un extenso catálogo de términos orientativos permite a sus mentes reconocer de manera intuitiva el norte magnético, el sur, el este y el oeste, con lo que desarrollan un extraordinario sentido de la orientación. Así, por ejemplo, un hombre de los guugu yimithirr no dice: «Tienes una hormiga sobre la pierna derecha», sino más bien: «Tienes una hormiga sobre la pierna sudeste». O bien, en vez de decir: «Mueve el libro un poco para atrás», ese mismo hombre diría: «Mueve un poco el libro hacia el noroeste».

Uno se siente tentado de decir que, para ellos, las brújulas no tienen sentido. Pero la habilidad de los guugu yimithirr se presta al menos a otra observación interesante. En Occidente, los niños a menudo tienen problemas para entender el concepto de un número negativo. La diferencia que existe entre los números dos (2) y menos dos (-2) a menudo se les escapa. En esta situación, los niños de los guugu yimithirr tienen una clara ventaja. Al hablar del dos, el niño piensa en «dos pasos al este», mientras que menos dos se convierten en «dos pasos al oeste». Obligado a responder una pregunta como: «¿Cuánto es menos dos más uno?», el niño occidental puede que responda incorrectamente «menos tres», mientras que el niño guugu yimithirr solo tendrá que dar un paso mental hacia el este para dar con la respuesta correcta: «Un paso al oeste» (-1).

Un último ejemplo del efecto de la cultura sobre la manera de contar lo encontramos en la tribu de los kpelle de Liberia. El idioma de los kpelle carece de una palabra que se corresponda con el concepto abstracto de «número». Existen palabras para contar, pero pocas veces se emplean para cantidades superiores a treinta o cuarenta. Durante una entrevista con un lingüista, un joven kpelle no fue capaz de recordar en su idioma la palabra correspondiente a setenta y tres. Muy a menudo, la palabra que significa «cien» sirve para cualquier cantidad elevada.

Los kpelle creen que los números dominan a las personas y los animales, y que conviene intercambiarlos solo en contadas ocasiones, y siempre con respeto; por eso, los ancianos de las aldeas acostumbran a guardar celosamente las soluciones de las sumas. Los niños solo reciben de sus maestros los datos numéricos más simples y de manera fragmentaria, además, sin llegar a aprender nunca los ritmos que constituyen la aritmética. Los niños aprenden, por ejemplo, que 2 + 2 = 4, y quizá, semanas e incluso meses más tarde, que 4 + 4 = 8, pero nunca se les pide que combinen ambas sumas e infieran que 2 + 2 + 4 = 8.

Los kpelle consideran que contar gente trae mala suerte. Este es un tabú muy antiguo y muy extendido por toda África, donde existe también la impresión (compartida por los autores del Antiguo Testamento) de que contar seres humanos es un acto de muy mal gusto. La simplicidad de las palabras utilizadas para contar no es una cuestión lingüística, o no solamente lingüística, sino también ética.

Disfruté mucho con la lectura de una colección de ensayos publicada hace ahora algunos años por el novelista nigeriano Chinua Achebe. En uno de ellos, Achebe se quejaba de que algunos occidentales le preguntaban: «¿Cuántos hijos tiene?». En su opinión, un silencio cargado de reproche era la mejor manera de responder a una pregunta tan impertinente.

«Pero las cosas cambian para nosotros, cambian muy rápido... y así he aprendido a responder preguntas que mi padre no se habría dignado siquiera a considerar».

Achebe tiene *ano* (cuatro) hijos. En Islandia, dirían que tiene *fjögur*.

Proverbios y tablas de multiplicar

Un día tuve el placer de descubrir un libro consagrado íntegramente al arte del proverbio. Fue en una de las bibliotecas municipales que frecuentaba de adolescente. No recuerdo el título del libro, como tampoco recuerdo el nombre de su autor, pero sí recuerdo el escalofrío de emoción que sentí al acariciar sus páginas.

«Atento a los peniques, descuidado con las libras».
«Más vale pájaro en mano que ciento volando».
«Un discurso sin proverbios es como un estofado sin sal».

Ahora que lo pienso, me extrañaría que aquel libro tuviera un único autor. Todos los refranes son anónimos. Van apareciendo en el repertorio mental de la sociedad por un proceso cercano a la generación espontánea. Como sucede con el Corán, da la impresión de que los proverbios fueron preescritos y esperaban pacientemente a ser enunciados para existir. Algunos lingüistas defienden que el lenguaje se produce de manera independiente de nuestro entendimiento, y que sus orígenes se remontan a un gen todavía misterioso y exclusivo. Quizá la lógica proverbial sea desde ese punto de vista parecida al lenguaje, y su existencia, tan esencial para nuestra condición de humanos como el habla.

Quienquiera que fuese el autor o el editor de aquel libro, me demostró que una persona cuerda solo puede asimilar un número limitado de proverbios. Existe un punto de saturación a partir del cual el lector no es capaz de continuar, porque se le nubla la vista y empieza a dolerle la cabeza. Consumidos en exceso, los proverbios pierden todas las bondades de su compacta estructura. Empiezan a parecer meras repeticiones, impresión sin duda justificada. A juzgar por mi experiencia, yo calculo que el límite se encuentra en torno a la centena.

Un centenar de proverbios, más o menos, bastan para resumir la esencia de una cultura; un centenar de cálculos componen las tablas de multiplicar. Igual que los proverbios, esas verdades o declaraciones numéricas (dos por dos: cuatro, siete por seis: cuarenta y dos, etc.) son siempre breves, concisas e inmutables. Entonces, ¿por qué no se nos quedan grabadas del mismo modo que los proverbios?

Hay quien dice que antes sí las reteníamos. ¿Cuándo? En tiempos mejores, por supuesto. El argumento es que los niños de hoy en día son demasiado vagos y no aprenden como es debido. No sienten interés por nada, excepto por enviarse mensajes de texto y acosar a sus profesores. Esas voces críticas hablan con nostalgia de los días en los que no había ordenadores ni calculadoras, cuando cada cálculo debía entrar a la fuerza en la cabeza de los niños, hasta que eran capaces de recordar de inmediato la respuesta correcta.

El problema es que esos días no existieron nunca. Las tablas de multiplicar siempre han sido problemáticas para muchos escolares, como bien sabía Charles Dickens a mediados del siglo XIX.

La señorita Sturch asomó la cabeza por la ventana de la clase y, viendo que se acercaban los dos caballeros, les ofreció su invariable sonrisa. Luego, dirigiéndose al vicario, dijo en tono suave:

—Lamento verdaderamente molestarle, señor, pero Robert está intratable esta mañana con la tabla de multiplicar.

—¿Por dónde van? —preguntó el reverendo Chennery.

—Por ocho por siete, señor —contestó la señorita Church.

—¡Bob! —gritó el pastor a través de la ventana—. ¿Ocho por siete?

—Cuarenta y tres —contestó lloriqueando el invisible Bob.

—Te doy otra oportunidad antes de ir a buscar la palmeta —dijo el reverendo Chennery—. Y ahora, cuidado. Ocho por...

Solo la rápida intervención de su hermana con la respuesta correcta (cincuenta y seis) le evita al chico el dolor físico de otro intento fallido.

Vemos, pues, que la dificultad que muchos niños tienen para asimilar las multiplicaciones es secular. Es «un problema muy real», por utilizar una frase habitual entre los políticos. «El conocimiento deficiente de las tablas de multiplicar», según informes de la inspección escolar de Reino Unido, «supone un considerable impedimento para el aprendizaje de la multiplicación y la división. Para muchos de los alumnos con resultados mediocres en secundaria, recordar inmediatamente las tablas supone un verdadero esfuerzo. Los maestros [consideran] la memorización de las tablas de multiplicar un requisito esencial para aprender a multiplicar satisfactoriamente».

Los datos que aporta una tabla de multiplicar constituyen la esencia de nuestro conocimiento de los números: las moléculas de las matemáticas. Nos revelan cuántos días tienen dos semanas (7×2), el número de casillas de un tablero de ajedrez (8×8) o el total de caras de un trío de cajas (3×6). Nos ayudan a dividir de manera equitativa cincuenta y seis elementos entre ocho personas (7 × 8 = 56, y consecuentemente 56/8 = 7), y también a comprender que no es posible distribuir equitativamente cuarenta y tres unidades de algo (porque 43, al ser número primo, no aparece entre los datos de las diez tablas de multiplicar). Reducen el riesgo de ansiedad en el niño mientras aprende y le aportan una importantísima dosis de confianza en sí mismo.

Combinadas, esas moléculas crean lo que llamamos patrones. Tomemos, por ejemplo, los datos consecutivos: 9 × 5 = 45 y 9 × 6 = 54; los dígitos en ambas respuestas son los mismos, pero invertidos. Si consideramos los restantes datos de la tabla del nueve, veremos que la suma de los dígitos de cada respuesta es siempre (igual a) nueve:

9 × 2 = 18 (1 + 8 = 9)
9 × 3 = 27 (2 + 7 = 9)
9 × 4 = 36 (3 + 6 = 9)
Etc.

Si nos fijamos en otras tablas, descubriremos también que al multiplicar un número par por cinco obtenemos siempre una respuesta terminada en cero (2 × 5 = 10 ... 6 × 5 = 30), mientras que al multiplicar por cinco una cifra impar el resultado termina siempre en cinco (3 × 5 = 15 ... 9 × 5 = 45). O bien comprobaremos que seis al cuadrado (treinta y seis) más ocho al cuadrado (sesenta y cuatro) equivale a diez al cuadrado (cien).

La tabla del siete, la más complicada de retener, también encierra un hermoso patrón. Imaginemos el siete sobre un teclado telefónico, en la esquina inferior izquierda. A continuación, busquemos la tecla inmediatamente superior (cuatro) y luego la que está encima de esta (uno). Hagamos lo mismo desde la tecla central inferior (ocho). Cada dígito del teclado corresponde a su vez a la última cifra de los resultados sucesivos de la tabla del siete: 7, 14, 21, 28, 35 ...

Evidentemente, no todas las multiplicaciones de las tablas son problemáticas. Multiplicar un número cualquiera por uno o por diez es muy fácil. Nuestras manos saben que tanto dos por cinco como cinco por dos da diez como resultado. Abundan las equivalencias: tanto dos por seis como tres por cuatro equivalen a doce, y es lo mismo multiplicar tres por diez que seis por cinco.

Pero hay otras que son más complejas, menos intuitivas, y en las que resulta más fácil tropezar. Una cultura numerizada empleará todos los medios a su alcance para transmitir de generación en generación tan complicados datos. Los grabará en piedra o dejará constancia de ellos en pergaminos. Condenará a todo estudiante díscolo a amenazas y zurras. Escogerá las fórmulas y enunciados más sucintos para sus verdades esenciales: ni demasiado pesadas para la lengua, ni excesivamente largas para el oído.

Igual que un proverbio.

Por ejemplo: ¿a qué se referían exactamente nuestros antepasados cuando nos legaron verdades como «Una manzana al día de médico te ahorraría»? Evidentemente, no pretendían que las interpretásemos de forma literal. La frase expresa más bien la relación directa que existe entre dos cosas: la alimentación sana (simbolizada en la manzana) y la enfermedad (encarnada por el médico). Pensemos ahora en algunas de las maneras alternativas en las que podría haberse expresado esta relación:

«Comer una fruta al día es bueno para la salud».

«Una alimentación sana previene enfermedades».

«Para mantenerse en forma hay que comer manzanas».

Las tres versiones son tan breves como el refrán, si no más, pero ninguna resulta ni de lejos tan memorable.

Mucho antes de que Dickens escribiese sobre los horrores de las tablas de multiplicar, nuestros antepasados habían decidido describir cincuenta y seis como «siete por ocho», del mismo modo que describían la salud (o su ausencia) en términos de manzanas y médicos. Sin embargo, igual que sucede con un concepto como el de «salud», es posible entender el número cincuenta y seis a través de vías muy diferentes.

$$56 = 28 \times 2$$
$$56 = 14 \times 4$$
$$56 = 7 \times 8$$

O incluso:

$$56 = 3{,}5 \times 16$$
$$56 = 1{,}75 \times 32$$
$$56 = 7/8 \times 64$$

Con todo, no es difícil comprender por qué la tradición ha preferido, en la mayoría de los casos, la concisión y sencillez de «siete por ocho» a otras definiciones concurrentes como «uno con setenta y cinco por treinta y dos» o «siete octavos de sesenta y cuatro», por muy útiles que puedan resultar en determinados contextos.

¿Cuánto es siete por ocho? La manera más clara y sencilla de hablar del número cincuenta y seis.

Puede que estas formas tan familiares sean sencillas y sucintas, pero no dejan nada al azar ya sea con palabras o con cifras. La manzana del refrán, por ejemplo, aparece al principio de la frase, pero su valor (protector de la salud) no queda claro hasta el final. «Manzana» es aquí la respuesta a la pregunta: ¿qué es lo que mantiene lejos al médico? Hay otros refranes que comparten esta estructura, en la que la respuesta precede a la pregunta. «Agua que no has de beber, déjala correr» (¿Qué hay que dejar correr? El agua que uno no bebe) o «Casa con dos puertas mala es de guardar» (¿Dónde es difícil montar guardia? En una casa con dos puertas).

Situar la respuesta al principio ejercita nuestra imaginación: aceptamos con mayor naturalidad que una manzana nos puede alejar de la enfermedad en parte porque la «manzana» precede al resto de las palabras. Al emplear esta estructura podemos despertar nuestra atención imaginando el resto del refrán con la imagen inicial en mente; y así vemos con mayor claridad la conveniencia de dejar correr un agua que no nos ha de servir de nada.

Antes hablaba de las formas diferentes en las que podemos concebir el número cincuenta y seis, y tomé prestado este rasgo de los refranes, poniendo la respuesta al principio del enunciado. «Cincuenta y seis es igual a siete por ocho» poniendo el énfasis en lo que más importa: no el siete, ni el ocho, sino aquello que producen.

La forma es importante. Un alumno, al leer «$56 = 7 \times 8$», escucha el susurro de multitud de generaciones, mientras que otro niño, cuando se le muestra «$7 \times 8 = 56$», se encuentra solo. El primer niño se ha enriquecido; el segundo se ve desheredado.

El debate actual sobre las tablas de multiplicar a menudo deja de lado el aspecto formal. No era así, sin embargo, en las escuelas norteamericanas del siglo XIX. La joven nación, más joven aún que sus ciudadanos de mayor edad, albergó debates educativos de un detalle y una amplitud sin precedentes. Los maestros reflexionaron en profundidad sobre el tipo de verbo que emplear en las multiplicaciones.* En *The Grammar of En-*

* El texto que sigue, evidentemente, alude a la forma que adoptan las ecua-

glish Grammars, publicado en 1858, puede leerse: «Al multiplicar por uno, evidentemente es mejor utilizar el verbo en la forma singular: "tres por uno es tres". Y al multiplicar por cualquier número superior a uno, considero que es necesaria una forma verbal plural: "tres por dos son seis"».

Los participantes más radicales en estos debates propusieron que se eliminaran las palabras superfluas como «veces». En lugar de aprender que «cuatro veces seis es veinticuatro», el niño repetiría entonces «cuatro seises son veinticuatro». Esos mismos educadores propugnaban un retorno al modelo con el que los niños de la antigua Grecia cantaban las tablas dos milenios atrás: «un uno es uno», «doble uno es dos», «triple uno es tres», etcétera. Otros incluso fueron más allá y propusieron renunciar también al verbo «ser»: «cuatro seises, veinticuatro», a la manera japonesa.

En Japón, hace mucho tiempo que en las escuelas se presta atención a los sonidos y los ritmos de las tablas de multiplicar. Cada sílaba cuenta. Pongamos por caso la multiplicación $1 \times 6 = 6$, una de las primeras que aprende cualquier niño. La palabra japonesa básica para uno es *ichi*; la más habitual para seis, *roku*. Juntas nos dan *ichi roku roku* (un seis, seis). Pero los alumnos japoneses nunca lo dicen así, les parece una frase torpe, cacofónica. En vez de eso, dicen *in roku ga roku*, utilizando para ello una forma abreviada de la palabra *ichi* (*in*) y una intercalación (*ga*) de valor eufónico.

La elipsis de palabras y sonidos innecesarios modela tanto los proverbios como las tablas de multiplicar. «Más vale tarde que nunca», dice el padre cuando su hijo se queja de no haber recibido a tiempo su paga semanal. «Cuatro cincos, veinte», dice el niño cuando por fin puede contar sus monedas.

---

ciones de las tablas de multiplicar en Estados Unidos: «X veces Y es Z», muy diferente a la cantinela habitual en nuestro idioma, en la que se elide incluso el verbo. (*N. del t.*)

En japonés, la multiplicación 6 × 9 = 54 es un ejemplo extremo de elipsis. Al ser ambas palabras de pronunciación similar, *roku* (seis) y *ku* (nueve) se funden en una sola, *rokku*. Este nuevo número viene a ser como pronunciar la multiplicación 7 × 9 en español como «sieve».

¿Por qué *in roku ga roku* se considera más eufónico que *ichi roku roku*? Las dos fórmulas tienen seis sílabas; ambas emplean dos veces la palabra *roku*; y sin embargo, la primera tiene un sonido hermoso, mientras que la segunda parece fea. La respuesta hay que buscarla en los paralelismos. *In roku ga roku* tiene una estructura paralela, lo que la hace más agradable al oído. Esa estructura equilibrada la encontramos a menudo en los refranes: «De tal palo, tal astilla». Un seis es seis.

Es mucho más difícil crear buenos paralelos con las tablas de multiplicar en inglés, y lo mismo puede decirse de la mayoría de los idiomas europeos. En japonés, un niño dice *roku ni juuni* (seis dos, diez dos) para expresar 6 × 2 = 12, y *san go juugo* (tres cinco, diez cinco) para 3 × 5 = 15, mientras que un niño británico tiene que decir *twelve* y *fifteen*, un niño francés *douze* y *quinze* y un niño alemán *zwölf* y *fünfzehn*.

Aparte de la del uno, solo la tabla del diez permite formar paralelos de manera regular en español, al estilo de «A rey muerto, rey puesto»: «siete por diez, setenta».

No todos los refranes recurren al paralelismo. Algunos utilizan la aliteración, esto es, la repetición de determinados sonidos: «En abril, aguas mil», por ejemplo, o «Coser y cantar, todo es empezar». Las tablas de multiplicar también pueden ser aliterativas: «seis por cuatro, veinticuatro» y también (si las alargamos hasta incluir la tabla del trece) «tres por trece, treinta y nueve».

Los paralelismos y la aliteración resultan evidentes cuando los refranes riman: «Año de nieves, año de bienes» o «El que la sigue, la consigue». Por definición, las potencias cuadradas (resultado de multiplicar un número por sí mismo) empiezan de manera similar: «dos veces dos...», «cuatro veces cuatro...», «nueve veces nueve...», aunque solo las potencias cuadradas de cinco y seis terminan con una rima: «cinco por cinco, veinticinco», y «seis por seis, treinta y seis».

Ese es el motivo por el que los escolares asimilan con mayor facilidad y placer estas dos operaciones (superadas, quizá, por «dos por dos, cuatro»). Ambas operaciones, $5 \times 5 = 25$ y $6 \times 6 = 36$, alcanzan las cualidades particulares de un proverbio. Otras multiplicaciones de las mismas tablas se aproximan bastante. Por ejemplo, al multiplicar cinco por cualquier número impar obtenemos inevitablemente una rima: «siete por cinco, treinta y cinco». Un seis multiplicado por un número par hará que el producto de la operación rime: «seis por cuatro, veinticuatro», «seis por ocho, cuarenta y ocho».

¿Errores? Evidentemente, se producen. Nadie escapa a ellos. Tanto da cuánto tiempo pase una persona entre números, a veces la memoria nos falla. Conozco matemáticos mundialmente conocidos que sudan cuando se les pregunta «nueve por siete».

Los mismos problemas que tenemos con las tablas de multiplicar se producen a veces con las palabras: es eso que llamamos lapsus línguae, aunque por regla general la culpa no es de la lengua, sino de la memoria. Cuando alguien dice que una persona es «ave de mal asiento» (porque mezcla «pájaro de mal agüero» con «culo de mal asiento») comete un error similar al de quien responde «cuarenta y ocho» cuando se le pregunta 7 x 8 (por confundir $7 \times 8 = 56$ con $6 \times 8 = 48$).

Estos errores se deben a una falta de familiaridad con la información. Los proverbios, como las tablas de multiplicar, a menudo se nos antojan extraños y sus significados, arcanos. ¿Qué es, en realidad, un agüero? ¿Por qué las golondrinas, y no otros pájaros, pueden ser o dejar de ser heraldos del verano? Las palabras escogidas nos parecen tan arbitrarias y arcaicas como los números en las tablas de multiplicar. Pero las verdades que representan son inmemoriales.

«Conserva las palabras de los antepasados», recomienda un proverbio indio. Conservemos también sus tablas de multiplicar.

Intuiciones de los alumnos

En momentos de debilidad, cuando les falta la inspiración, algunos periodistas televisivos tienden a hacer siempre la misma jugarreta a los desprevenidos ministros de Educación. Bajo la capa de maquillaje, el entrevistador dirige una mueca cómplice a las cámaras, cuadra sus notas, carraspea y dice: «Una última pregunta, señor ministro. ¿Cuánto es ocho por siete?».

Estos episodios siempre me producen hastío. Es bastante triste ver las matemáticas reducidas al recuerdo (o, más a menudo, a la ausencia de recuerdo) de las reglas aprendidas en el colegio.

Hubo una particular confrontación de este tipo en la que la presentadora quiso saber cuánto costarían catorce lápices si cuatro tenían un precio de 2,42 euros. «No tengo ni la menor idea», gimoteó el ministro, para regocijo del público asistente.

Evidentemente, tales preguntas se formulan con la expectativa palmaria de que no encuentren respuesta. Los políticos intentan siempre anticiparse a nuestras expectativas para colmarlas. ¿Deberíamos sorprendernos, pues, cuando calibran correctamente la situación y se equivocan en el cálculo?

El estudio bien entendido de las matemáticas no termina nunca: hay un número infinito de cosas que cada uno de nosotros desconoce sobre ellas. Siempre hay uno u otro aspecto de la disciplina en el que estamos perdidos. Yo, en concreto, reconozco que no tengo afinidad ninguna con el álgebra, una constatación que le debo al señor Baxter, mi profesor de matemáticas en secundaria.

Dos veces por semana, me sentaba en las clases del señor Baxter y hacía cuanto podía para pasar desapercibido. Tenía entonces casi catorce años. Con sus antecesores, la asignatura se me había dado de maravilla: teoría de los números, estadística, probabilidad... Ninguna me había supuesto el menor problema. Y de repente me encontraba hecho un cero algebraico.

Las cosas cambiaban: yo mismo estaba cambiando. Se me hinchaban los miembros, me sudaba el cerebro; de repente, tenía tanto cuerpo que no sabía qué hacer con él. Brazos y piernas eran víctimas propicias para esquinas de mesa y pasillos estrechos, y cada esquina era una emboscada.

El señor Baxter nunca se apiadó de mis circunstancias. Los cuerpos eran adversos a las matemáticas, o eso intentaron inculcarnos. Ni el pelo rebelde, ni el aliento agrio, ni la piel llena de bultitos: nada de eso importaba los martes y jueves durante la hora en la que nuestras jóvenes mentes, completamente desnudas, ascendían a la esfera de la razón pura. Las páginas pasaban a ser paralelogramos; las ciudades, circunferencias; las recetas, proporciones. Despojados de toda referencia, avanzábamos a tientas en aquella atmósfera enrarecida.

Allí fue donde aprendí los rudimentos del álgebra. Al parecer, la palabra era de origen árabe, extraída del título de un tratado escrito por Al Juarismi (por cierto, «algoritmo» es la deformación latinizada de su nombre). Recuerdo que lo exótico de su origen me impresionó bastante. El serpenteo de las ecuaciones en el libro de texto me recordaba a la caligrafía. Pero no me parecían hermosas.

Las páginas del libro, con tanta X, Y y Z, parecían pilas de escombros lexicográficos. El uso de las letras menos habituales solo sirvió para consolidar mis prejuicios. Eran letras que me parecían feas e interrumpían sumas por lo demás perfectamente aceptables.

Pongamos por caso $x^2 + 10x = 39$. Semejante batiburrillo me resultaba muy incómodo. Prefería con mucho formularlo de palabra: un número al cuadrado (1, o 4, o 9, etc.) más un múltiplo de diez (10, 20, 30, etc.) es igual a treinta y nueve; 9 $(3 \times 3) + 30 (3 \times 10) = 39$; tres es el factor común; $x = 3$. Años más tarde descubrí que Al Juarismi redactaba también todos sus problemas.

El señor Baxter, corpulento y siempre sin aliento, nos obligaba a atenernos a los ejercicios del libro. No le gustaban nada las paráfrasis. Si una mano se levantaba, la despachaba con una mirada torva y la orden de «volver a leer el enunciado». Era un seguidor estricto de los métodos del libro. Cuando le mostré mi trabajo me reprochó no haberlos seguido. No había sustraído los mismos valores de ambos lados de la ecuación. No había hecho nada con los paréntesis. Con su bolígrafo rojo fue tachando una tras otra las palabras con las que tan cuidadosamente había formulado mis soluciones.

Permitan que les ofrezca otro ejemplo de mi razonamiento divergente: $x^2 = 2x + 15$. Yo lo formulo así: un número elevado al cuadrado (1, 4, 9, etc.) es igual a quince más un múltiplo de dos (2, 4, 6, etc.). Dicho de otra manera, buscamos un número al cuadrado superior a diecisiete (puesto que ha de ser superior a 2 + 15). El primer candidato es veinticinco (5×5) y, efectivamente, veinticinco es la suma de 15 más 10 (múltiplo de dos); $x = 5$.

Algunos alumnos del señor Baxter asumieron sus métodos: la mayoría, igual que yo, nunca lo conseguimos. No puedo hablar por los demás, pero a mí personalmente la experiencia me dejó marcado. Me alegré cuando el curso llegó a su fin y pude pasar a otro aspecto de las matemáticas. Aun así, me avergonzaba un poco no haber sido capaz de comprender. Sus clases consiguieron que todas las ecuaciones me resultasen perennemente sospechosas. El álgebra y yo no hemos llegado nunca a reconciliarnos por completo.

Del señor Baxter, por lo menos, aprendí una lección de provecho: cómo no se debe enseñar. Esta lección me valdría de mucho posteriormente en numerosas ocasiones. Dos años después de salir del colegio, un día mientras hojeaba el diario, topé con el anuncio de una agencia que buscaba profesores particulares. Yo ya había dado clases de inglés en Lituania durante el año previo a la universidad, y había comprobado que me gustaba enseñar, así que presenté mi candidatura. La entrevista me puso frente a frente con Grace, una señora entrada en años que tenía la oficina en el salón de su casa. Me senté ante su escritorio con la espalda apoyada en cojines bordados. Me parece recordar que el papel pintado de las paredes tenía dibujitos de pájaros y abejas. La entrevista fue breve.

—¿Disfrutas ayudando a los demás a aprender cosas nuevas?

—¿Procuras adaptarte al estilo de aprendizaje de cada alumno?

—¿Serías capaz de trabajar ateniéndote a un programa lectivo preestablecido?

Las preguntas encerraban en sí mismas su propia respuesta, como en los diálogos que se emplean en la enseñanza de lenguas extranjeras: «Sí, sería capaz de trabajar ateniéndome a un programa lectivo preestablecido».

A los diez minutos de conversación me dijo: «Excelente. Desde luego, das el perfil. Ya tenemos profesores de inglés, y no hay demasiada demanda de lenguas extranjeras. ¿Qué me dices de matemáticas para alumnos de primaria?».

¿Qué iba a decir? Encantado.

El trabajo que me proporcionaba Grace me mantuvo siempre muy ocupado. Mi territorio docente incluía la ciudad vecina, a unos ocho kilómetros de distancia, y el trayecto en autobús y la caminata hasta los hogares más remotos me llevaban tanto tiempo como la clase en sí. Me sentía nervioso, claro, y fui aprendiendo sobre la marcha, pero las familias me ayudaron. Los niños, de entre siete y once años de edad, resultaron ser por lo general educados y trabajadores; la sonrisa aprobadora de los padres contribuyó también a tranquilizarme bastante. Pasado algún tiempo dejé de preocuparme y llegué incluso a esperar con ilusión mis visitas semanales.

No sé si debería reconocer que tenía un alumno favorito. Era un chico pecoso, de pelo castaño: tenía ocho años y era menudo para su edad. La primera vez que me presenté en su casa le vi temblar de pura timidez. Empezamos a trabajar con los libros de texto que me habían prestado en la agencia, pero estaban viejos y olían mal, y muy pronto la deteriorada encuadernación se desprendió de ellos. Los sustituimos por un libro de vivos colores que mi alumno había recibido como regalo de Navidad, pero la terminología que en él se empleaba envenenaba la mente. De modo que dejamos de lado los libros y buscamos una manera mejor de pasar juntos aquella hora. Hablábamos mucho.

Resultó que le gustaba mucho coleccionar cromos de fútbol y que era capaz de recitar de memoria los nombres de todos los futbolistas que aparecían en ellos. Orgulloso, me enseñó el álbum en el que iba pegándolos.

—¿Me sabrías decir cuántos cromos tienes aquí? —le pregunté.

Él reconoció que nunca se le había ocurrido sumarlos. El álbum tenía muchas páginas.

—Si contamos uno por uno cada cromo tardaremos mucho en llegar hasta la última página —le dije —. ¿Y si los contamos de dos en dos?

Al chico le pareció que en ese caso iríamos más deprisa. Dos veces más deprisa, precisé yo.

—¿Y si los contamos de tres en tres? ¿No llegaríamos más rápido todavía al final?

Él asintió. Efectivamente, llegaríamos tres veces más rápido al final. Y me interrumpió:

—Si contamos los cromos de cinco en cinco, acabaríamos cinco veces más deprisa.

Y sonrió al ver que yo sonreía.

Entonces, abrimos el álbum y contamos los cromos de la primera página: yo iba cubriendo los grupos de cinco con la mano, que era más ancha que la suya. Había tres manos de cromos: quince. En la segunda página había un par de cromos menos (dos manos y tres dedos: trece), con lo que trasladamos el resto a la página siguiente. Llegados a la página siete, llevábamos ya veinte manos: cien cromos.

Seguimos pasando páginas, y yo cubriéndolas cada vez con la mano. Al final, la suma de los cromos superaba las ochenta manos (cuatrocientos cromos).

Una vez despachado el álbum, nos planteamos qué pasaría si un gigante contase las páginas. A los dos nos pareció evidente que la mano del gigante podría cubrir una docena de cromos sin problemas. ¿Y si ese mismo gigante quisiese contar hasta un millón? El chico se detuvo un instante a pensar.

—Puede que cuente por centenas: cien, doscientos, trescientos...

Le pregunté si sabía cuántas centenas necesitaría para sumar un millón, y negó con la cabeza. Diez mil, le dije yo. Los ojos se le pusieron como platos. Finalmente dijo:

—Pero entonces podría contar de diez mil en diez mil, ¿no?

Yo le confirmé que sí, que podría: que sería como si nosotros contásemos de uno a cien.

—Y si fuese especialmente grande —añadí—, podría contar de cien mil en cien mil.

En ese caso, el gigante llegaría al millón con la misma velocidad con la que nosotros contábamos de uno a diez.

En otra ocasión, durante una lección en la que estábamos resolviendo sumas, el chico tuvo una intuición, pequeña pero bastante inteligente. Estaba pasando a limpio los deberes para que pudiésemos repasarlos juntos. La suma era 12 + 9, pero él escribió 19 + 2. Se dio cuenta entonces de que la respuesta no variaba. Tanto doce más nueve como diecinueve más dos dan como resultado veintiuno. Aquel error fortuito le gustó, le hizo detenerse a pensar. Yo también dejé lo que estaba haciendo, temeroso de interrumpir el hilo de sus pensamientos. Más tarde le planteé una suma mucho mayor, algo como 83 + 8. Cerró los ojos y dijo: «Ochenta y nueve, noventa, noventa y uno», y supe que había comprendido.

De mis otros alumnos recuerdo a la familia Singh, a quienes enseñaba los miércoles por la tarde dos horas seguidas. Nunca llegué a simpatizar con el padre, un hombre de negocios con aires de gran ejecutivo, pero la madre me trató siempre con muchísimo cariño. Tenían tres hijos, dos niños y una niña, que me esperaban siempre sentados junto a la mesa del salón, vestidos todavía con el uniforme escolar. El mayor tenía once años y la seguridad en sí mismo de los hijos mayores, con una pizca de fanfarronería. Su hermana normalmente lo secundaba en todo. Entre los dos, el segundo hijo, que era de risa constante. Parecía que reía por el resto de la familia.

Al principio, aquel trío solo se tomó medio en serio al tipo paliducho con gafitas que debía ser su profesor. Entre los tres me sacaban diez años. Yo parecía demasiado joven, y así debía de sonar también, puesto que no tenía aún la facilidad de palabra que da la experiencia. Aun así, les planté cara. Les ayudé con las tablas de multiplicar, materia que distaban mucho de dominar.

Les sorprendió bastante que no les recriminase cada error

y cada titubeo. Al contrario, si se aproximaban a la respuesta correcta, yo se lo decía.

—¿Cuánto es siete por ocho?

—Cincuenta y... —Y la voz del mayor flaqueaba.

—Sí —decía yo, dándole ánimos.

—Cincuenta y cuatro —aventuraba entonces.

—Casi —decía yo—. Es cincuenta y seis.

El titubeo, habitual en muchos de mis alumnos, me tenía intrigado. Sugería indecisión, más que ignorancia. Entonces me di cuenta de que afirmar que un alumno no tiene ni idea de la solución es una falsedad. Lo cierto es que sí tiene ideas, demasiadas incluso, y casi todas equivocadas. Sin los conocimientos necesarios para dispersar esa niebla mental, el alumno debe hacer frente a una infinidad de respuestas erróneas de entre las que debe escoger una.

¿Qué había pensado, quise saber, cuando decidió que cincuenta y cuatro era la respuesta? Reconoció que previamente había pensado en cincuenta y tres, cincuenta y seis, cincuenta y siete y cincuenta y cinco (por ese orden). Estaba bastante seguro de que cincuenta y uno o cincuenta y dos eran respuestas demasiado bajas, y tanto cincuenta y ocho como cincuenta y nueve demasiado altas. A continuación le pregunté por qué había optado por cincuenta y cuatro en lugar de cincuenta y tres. Su respuesta fue que había pensado en el ocho, y en el hecho de que cincuenta es la mitad de cien y cuatro la mitad de ocho.

De ahí pasamos a discutir las diferencias entre números pares e impares. El ocho es número par; el siete, impar. ¿Qué pasa cuando multiplicamos un impar por un par? La cara de los niños reflejaba sus dudas. Les propuse varios ejemplos: dos por siete (catorce), tres por seis (dieciocho), cuatro por cinco (veinte), cada respuesta un número par. Les pregunté si veían por qué. Sí, dijo el mediano finalmente: multiplicar por un número par era lo mismo que crear parejas. Dos por siete formaba una pareja de sietes; cuatro por cinco creaba dos parejas de cincos; tres por seis generaba tres parejas de treses. Entonces, ¿qué me podía decir de ocho por siete? Era lo mismo que cuatro parejas de sietes, me respondió.

Las parejas equilibran todo número impar: un calcetín se convierte en dos calcetines, tres en seis, cinco en diez, siete en catorce y nueve en dieciocho. El último dígito de una pareja siempre es un número par.

La neblina que envolvía al ocho por siete se iba desvaneciendo. Rápidamente, cincuenta y tres dejó de ser una solución posible, igual que cincuenta y siete y cincuenta y cinco. Quedaban cincuenta y cuatro y cincuenta y seis. ¿Cómo distinguir entre uno y otro? El cincuenta y cuatro, les hice ver, estaba a seis de ser sesenta: cincuenta y cuatro, como sesenta, era divisible por seis. Por tanto, cincuenta y cuatro (igual que sesenta) sería la respuesta a una pregunta que contuviera un seis (o un número divisible por seis), pero no un siete ni un ocho.

Mediante este proceso de eliminación, que no era otra cosa que un cuidadoso razonamiento, solo nos quedaba cincuenta y seis. Dos sietes separan cincuenta y seis de setenta, y tres ochos de ochenta. Ocho por siete es igual a cincuenta y seis.

Mi única alumna adulta era un ama de casa de piel cobriza con un nombre larguísimo que consistía en una permutación de vocales y consonantes como nunca antes había visto. Grace me había informado por teléfono de que el ama de casa aspiraba a trabajar profesionalmente como contable. Para mis adentros pensé que no era el mejor de los comienzos. Admitir que se aprendía por motivos interesados chocaba con mi ingenua percepción de las matemáticas como algo lúdico y abierto a la inventiva. Pensé que había algo casi vulgar en ese interés repentino del ama de casa por los números: era como si quisiera familiarizarse con ellos del mismo modo en que algunas personas quieren relacionarse con gente influyente.

Pronto tuve que corregir mi error de juicio. Mis reservas respecto a mi nueva alumna eran injustas. Era el recelo de un profesor de niños; yo no sabía nada de cómo enseñar a adultos, ni de cómo anticiparme a sus necesidades y expectativas.

Un día, sentados en su cocina de azulejos blancos, empezamos a hablar de números negativos. Como les sucedía a los matemáticos del siglo XVI, que se referían a ellos como números «absurdos» y «ficticios», ella tenía dificultades para imaginarlos. ¿Qué quiere decir eso de restar algo de nada? Intenté explicárselo, pero constaté con frustración que me faltaba vocabulario. Sin embargo, de algún modo mi alumna lo entendió.

—O sea, ¿como una hipoteca?

Yo no sabía qué era una hipoteca, y entonces fue ella la que tuvo que intentar explicármelo. Mientras hablaba, me di cuenta de que sabía mucho más que yo sobre números negativos. Sus palabras tenían un valor real: se sostenían sobre algo tan firme como la experiencia.

En otra ocasión analizamos las fracciones «impropias»: fracciones en las que el numerador es mayor que el denominador, como cuatro tercios (4/3) o siete cuartos (7/4), y que nos ayudan a ver las unidades de manera diferente. Si pensamos en el número uno como equivalente a tres tercios, por ejemplo, entonces cuatro tercios es otra forma de describir uno más un tercio. Siete cuartos, convinimos mi alumna y yo, eran como dos manzanas que hubiesen sido cuarteadas (es decir, cada unidad había sido dividida en cuatro cuartos), y de las que se hubiese consumido uno de aquellos ocho cuartos de manzana.

La hora de clase terminó poco después, pero seguimos hablando. Empezamos a analizar las fracciones y lo que sucede cuando se divide entre dos la mitad de una mitad de una mitad, etcétera. A los dos nos sorprendió imaginar que, en teoría, el proceso de división podía continuar indefinidamente. Compartir nuestro mutuo asombro resultó agradable, casi como si fuese un cotilleo. Y, como en el caso de los cotilleos, se trataba de algo que a un mismo tiempo sabíamos y no sabíamos.

Y entonces mi alumna llegó a una preciosa conclusión sobre las fracciones que no se me olvidará nunca. Me dijo:

—No hay nada de lo que la mitad sea nada.

El cero de Shakespeare

A juzgar por lo que dejó escrito en su obra, pocas cosas fascinaban tanto a Shakespeare como la presencia de la ausencia: el vacío allí donde debería haber abundancia de voluntad, de juicio o de discernimiento. Es un elemento muy presente en la vida de muchos de sus personajes, y si es tan importante es, en parte, porque es universal. Ni siquiera los reyes escapan a ello.

> LEAR: ¿Qué dirás por un tercio aún más opulento que el de tus hermanas? Habla.
> CORDELIA: Nada, señor.
> LEAR: ¿Nada?
> CORDELIA: Nada.
> LEAR: De nada no sale nada. Habla otra vez.

La escena es uno de los momentos más tensos y de mayor suspense que podemos imaginar en un teatro, una fuerza extraordinaria concentrada en una sola palabra. Es la negación absoluta que el viejo rey y su hija van lanzándose, agravada y multiplicada por la repetición.

Evidentemente, los contemporáneos de Shakespeare conocían el concepto de la nada, pero no la nada como un número que pudiesen contar y manipular. En sus lecciones de aritmética, William pertenece a una de las primeras generaciones de escolares ingleses que aprendieron el uso de la cifra cero. Vale la pena reflexionar sobre las consecuencias de este temprano encuentro. ¿De qué modo pudo ese número nuevo y paradójico guiar sus pensamientos por unos senderos particulares?

La aritmética suponía un problema para muchos maestros de la época. Sus conocimientos de la materia eran, en muchos casos, sospechosos. Por ese motivo, lo más probable es que las lecciones fueran breves y a menudo se pospusiesen hasta última hora de la tarde. Metidas forzadamente tras largas fases de composición latina, listas de proverbios y recitación de plegarias, los cálculos y ejercicios provenían principalmente de un solo libro: *The Ground of Arts*, de Robert Recorde. Publicado en 1543 (y posteriormente, en una edición ampliada, en 1550), el libro de Recorde incluía los primeros textos sobre álgebra en lengua inglesa y enseñaba «el manejo y la práctica de la aritmética, tanto con números enteros como con fracciones, de una forma más sencilla y exacta que cualquiera de las expuestas hasta la fecha».

Shakespeare aprendió a contar y calcular siguiendo los métodos de Recorde. Aprendió que «en aritmética no se usan sino diez números, y que de esos diez, uno equivale a nada, se dibuja como una O, y recibe el nombre de cero». Aquellos números arábigos (así como el sistema decimal) pronto eclipsaron a los numerales romanos (llamados por los ingleses «números alemanes»), que a menudo resultaban demasiado incómodos para hacer los cálculos.

Los números romanos, como sabemos, eran en realidad letras: I, uno; V, cinco; X, diez; L, cincuenta; C, cien; D, quinientos; y M, mil. Seiscientos se expresaba como VI.C y trescientos mil como CCC.M.* Quizá Recorde comparaba el cero con una

* Sistema de notación medieval. (*N. del t.*)

O precisamente por eso. Años más tarde, Shakespeare emplearía el cero con efectos devastadores. «Ahora eres un cero pelado... Tú no eres nada», le dice el bufón a Lear, después de un diálogo con Cordelia que acaba con la serenidad del rey.

En las lecciones que recibió Shakespeare, las letras fueron sustituidas por otros símbolos (dígitos). Quizá estuviesen expuestas conspicuamente en cartelones colgados de las paredes como las letras del alfabeto. Sentados de diez en diez en los duros bancos de la escuela, los niños afilaban sus plumas, las sumergían en la tinta y copiaban los números en líneas pulcras y apretadas. Las páginas estaban salpicadas de ceros. Pero ¿para qué dejar constancia de algo que no tiene valor? ¿Algo que equivale a nada?

Los monjes de la Inglaterra medieval, traductores y copistas de los primeros tratados de los matemáticos árabes, hacía tiempo que conocían la propiedad casi mágica del cero. Un escriba del siglo XII propuso llamar a esa cifra «quimera», como el fabuloso monstruo de la mitología griega. Ya en el siglo XIII, Juan de Sacrobosco explicaba el cero como algo que «equivale a la nada» pero que «ocupa un espacio y significa por los otros». Su manuscrito gozó de mucha popularidad en las universidades. Pero hubo que esperar a la invención de la imprenta para que estas ideas llegasen a un público mucho más amplio. Incluidos los revoltosos chicos de la escuela de Stratford.

EL CONDE DE GLOUCESTER: ¿Qué dice ese escrito?
EDMUNDO: Nada, señor, nada.
EL CONDE DE GLOUCESTER: ¿Dices que nada? Entonces, ¿a qué ocultarlo con tal prisa? Si nada dice, excusado era esconderlo. Veamos. Y si en realidad es nada, no necesitaré anteojos.

La nada como concepto. Podemos imaginar al dramaturgo en ciernes forcejeando con el cero. El chico cierra los ojos e intenta visualizarlo. Pero no es fácil ver nada. Dos zapatos sí, eso lo ve, y cinco dedos, y nueve libros. 2 y 5 y 9: entiende lo que significan. Pero ¿cómo ver cero zapatos? Si se le añade un número a otro número, igual que una letra a otra letra, se ha creado algo nuevo: un nuevo número, un nuevo sonido. Pero si se le añade un número a cero nada cambia. El otro número prevalece. Podemos añadirle cinco ceros, diez, cien si queremos. No cambia nada. Y las multiplicaciones por cero son igualmente misteriosas. Al multiplicar un número cualquiera por cero (tres, o trescientos, o 5.678), la respuesta es siempre cero.

¿Era capaz aquel niño de aprender las lecciones, o iba retrasado? Lo más seguro es que su maestro, encarnación de la violencia vestida con capa larga y zapatos negros, consiguiera que se concentrase. La vara de un maestro podía amoratar las posaderas de cualquier pupilo. Recorde recurría a menudo a los diálogos rimados, e incluso a algún que otro chiste y juego de palabras, y empleaba ejemplos muy claros para «hacerlo fácil al lego»; esperemos que su libro ahorrase algún sufrimiento a Shakespeare y sus compañeros de clase.

Vemos aquí VI (seis) líneas, que ocupan VI (seis) espacios [...].
La más baja representa al primer espacio, la que tiene encima al segundo, y así sucesivamente, hasta llegar a la más alta, que siendo la primera línea, equivale también al primer espacio:
100000
10000
1000
100
10
1

El primer espacio es el que ocupan las unidades, y cada cuenta iniciada en esa línea no aumenta sino en uno. Y la segunda línea es el lugar de las decenas, donde cada unidad representa 10.

La tercera línea es la de las centenas, la cuarta la de los millares, y así se van sucediendo.

Quizá tanto hablar de cuentas hizo pensar al niño Shakespeare en el negocio de guantes de su padre. Este debía de calcular todas sus transacciones valiéndose de un tablero de cuentas similar al ábaco. Las fichas para contar eran duras, redondas y muy finas, de cobre o latón. Había fichas para un par de guantes, y para dos pares, y para tres y cuatro y cinco. Pero no había fichas para cero. No existían fichas para las ventas que su padre no conseguía cerrar.

Supongo que de vez en cuando el maestro plantearía preguntas a sus alumnos. ¿Cómo escribir «tres mil» en dígitos? Gracias al libro de Recorde, Shakespeare aprendió que el cero denota tamaño. Para escribir millares son necesarios cuatro espacios. Escribimos 3 (tres millares), 0 (cero centenas), 0 (cero decenas), 0 (cero unidades): 3.000. En *Cimbelino* encontramos una de las muchas referencias posteriores que hace Shakespeare al valor del cero (que Recorde llama *roome*, 'espacio' en su libro).

Tres hombres, firmes como tres mil,
y valiendo tanto como tres mil en esta acción
donde el resto nada hace, con su grito: ¡Resistid!
y secundados por la ventaja de su posición...

El concepto debió de fascinarle desde sus años de escolar. La nada, entiende el muchacho, depende de su clase. Una mano vacía, por ejemplo, es una nada más pequeña que un aula o una tienda vacías, del mismo modo que el cero de 10 es diez veces menor que el cero de 101. Y cuanto mayor es el número, más dígitos tiene, y consecuentemente más ceros puede tener: diez tiene uno mientras que cien mil tiene cinco. Cuanto mayor sea el aula vacía, más cosas será capaz de contener: cuanto mayor la ausencia, mayor la presencia potencial. Si restamos uno a cien mil, el número entero se transforma: cinco ceros, cinco nadas se transforman de repente en nueves, el mayor de los dígitos: 99.999. Es posible que, como Políxenes en su *Cuento de invierno*, percibiese ya las tremendas posibilidades de la modestia y concibiera la imaginación como algo que salta de un lugar a otro, como un cero en el interior de un número inmenso.

Como cifra [cero] que aumenta su valor
según se la coloca, multiplico
mi única manifestación de gratitud
por mil y mil expresiones de reconocimiento
que la preceden.

El libro de Recorde era pródigo en ejercicios. Shakespeare y sus compañeros seguramente llenaron muchas hojas con cálculos; midiendo telas, comprando pan, contando ovejas y pagando a clérigos. Pero la mente de William vuelve incesantemente al cero. Piensa en el diez, y en cómo difiere del diez de su padre. Para su padre, diez (X), era dos veces cinco (V); siempre que puede cuenta en dieces y cincos. Para su hijo, el diez (10) es un uno (1) desplazado, acompañado de un cero. Para su padre, el 10 (X) y el uno (I) apenas tienen nada en común: son dos valores en los extremos de una escala. Pero para el niño existe un estrecho vínculo entre uno y diez: la nada los separa.

Diez y uno, uno y diez.

El niño aprende que, con un séquito de ceros, incluso el humilde uno adquiere un enorme valor. La imaginación es capaz de vincular uno y un millón, como afirma Shakespeare en el prologo a su *Enrique V*, donde el coro afirma su derecho a representar a las multitudes reunidas en el campo de batalla de Agincourt.

¡Oh, perdón! Ya que una reducida figura ha
de representaros un millón en tan pequeño espacio;
y permitidme que contemos como cifras de ese gran número
las que forje la fuerza de vuestra imaginación.

Pero es tal vez en sus poemas donde un ya joven Shakespeare expresó con mayor claridad el efecto que las enseñanzas de Recorde tuvieron sobre él. En el soneto 38, Shakespeare escribe sobre la relación que mantiene con su amada musa, y compara la pareja que forman con un diez: el poeta es el cero, y su amada el uno.

¡Oh! Date tú las gracias, si algo de lo que es mío
por digno de tu vista se ofrece a la lectura [...]
Sé la décima Musa, diez veces más valiosa [...].

Esta relación, como bien es sabido, resultaría particularmente fructífera: sus poemas y piezas teatrales se multiplicaron. En el teatro The Globe, redondo como un cero (una cifra vacía pero repleta de significado), la locuaz pluma de Shakespeare consiguió atraer a grandes multitudes con sus sueños.

«Shakespeare era lo menos egoísta que se puede ser», escribió en el siglo XIX el crítico literario William Hazlitt. «No era nada en sí mismo, pero era todo cuanto eran los demás, o todo cuanto podían llegar a ser». A buen seguro Shakespeare, ese «nada» del que hablaba Hazlitt, habría estado encantado con esta descripción cuando, todavía escolar despistado, se esforzaba por llegar a comprender la paradójica complejidad que es el número cero.

Las formas del discurso

Apenas sabemos nada con seguridad sobre Pitágoras, excepto que en realidad no se llamaba Pitágoras. Es muy probable que el nombre con el que lo conocemos en la actualidad sea en realidad el apodo con el que lo bautizaron sus seguidores. Según una fuente, significaba: «El que decía la verdad como los oráculos». En lugar de consignar sus reflexiones matemáticas y filosóficas sobre papel, se dice que Pitágoras prefería exponerlas ante grandes multitudes. El matemático más famoso del mundo fue también el primer retórico.

Resulta fácil imaginar el ambiente de intriga y anticipación que se respiraba en aquellos acontecimientos. Si damos crédito a crónicas posteriores, sus lecciones eran siempre multitudinarias. La gente viajaba desde muy lejos para escuchar a ese personaje legendario. Ciudadanos y más ciudadanos: hombres y mujeres, jóvenes y viejos, ricos y pobres, políticos, abogados, médicos, amas de casa, poetas, agricultores y niños. Los rezagados, congestionados todavía por la carrera para llegar a tiempo, se hacían paso dando codazos en busca de un sitio en las últimas filas. Mientras esperaban a que comenzase el acto, seguramente intercambiarían algún que otro cotilleo. Al parecer, cuchicheaba uno, Pitágoras tiene una cadera de oro. Sus palabras son capaces de amansar incluso a un oso, decía otro.

Y un tercero: es uno con la naturaleza. ¡Hasta los ríos conocen su nombre!

Pitágoras era un apuesto cuarentón cuando, hacia el año 530 a. C., fundó una escuela para sus discípulos en la colonia griega de Crotona, en el sur de Italia. Allí, a cientos de kilómetros de Atenas, los residentes del lugar trataban las enseñanzas del recién llegado con el mayor de los respetos. Sus ganas de conocer novedades, emociones, las ideas «modernas», debían de ser considerables. Por la mente de más de uno debió de pasar también la cuestión del prestigio, y quizá las ventajas educativas y económicas sobre las colonias vecinas.

Según todos los testimonios, las ideas de Pitágoras excedieron con mucho las expectativas de sus alumnos. Para él, las matemáticas eran nada menos que una forma de vida. «Transformó el estudio de la geometría para convertirlo en una educación liberal», escribió Proclo, el último de los grandes filósofos griegos, «examinando los principios de la ciencia desde sus inicios y examinando los teoremas de manera inmaterial e intelectual». Una de las cosas que al parecer enseñaba Pitágoras era que la identidad de todos los objetos que existen depende de su forma más que de su sustancia, y consecuentemente, pueden ser descritos mediante números y proporciones. El cosmos entero constituía una inmensa y gloriosa escala musical. Los pitagóricos, por tanto, fueron los primeros en comprender el mundo no a través de la tradición (religión) o de la observación (datos empíricos), sino de la imaginación, anteponiendo los patrones a la materia.

Pitágoras tenía madera de estrella, eso está claro. Llegaba a sus lecciones en el momento justo, ni demasiado pronto ni demasiado tarde: su sentido del ritmo era impecable. La multitud reunida era todo oídos, pero aun así el orador se tomaba su tiempo antes de dirigirse a ellos. No tenía prisa. Cada uno tenía la impresión de que Pitágoras se estaba dirigiendo a él en particular. Ni una sola frase escapaba al entendimiento de los oyentes, que comprendían a la perfección. «Sí», se decían a sí mismos, «sí, es tal y como dice él. No puede ser de ninguna otra manera». Pero esos fogonazos de certeza, esa comprensión de una verdad absoluta no eran sino una ilusión, por supuesto. La mente del espectador había ido siguiendo al orador a lo largo de un razonamiento cuidadosamente presentado y, pese a que existían otras muchas argumentaciones alternativas, el espectador simplemente se olvidaba de esas otras formas de pensar y de entender el mundo. El público, cautivado, se dejaba arrastrar, paso lógico a paso lógico, desde sus antiguas certidumbres a otras nuevas e inesperadas. Tal era el poder de Pitágoras.

La retórica, el arte de la palabra, dio forma y solidez a las palabras e ideas de Pitágoras. También marcó el inicio del pensamiento auténticamente matemático. Según Steven G. Krantz, matemático de la universidad de Washington en Saint Louis, «Una prueba matemática es un instrumento retórico con el que convencer a otra persona de la veracidad o validez de una afirmación matemática». Philip J. Davis y Reuben Hersh, dos académicos estadounidenses igualmente destacados, apoyan esta definición. «En la vida real, las matemáticas son una forma de actividad social en la que la "prueba" es un compendio de elementos formales e informales, de cálculos y comentarios anodinos, de argumentos convincentes y de invitaciones a imaginar e intuir».

Los apasionados debates de la Grecia antigua, sus contenciosos ciudadanos y sus tumultuosas asambleas resultaron ser el marco ideal para esta forma de interacción social y el desarrollo tanto de la retórica como de las matemáticas. Es más, sin el refinamiento de la retórica no existiría la lógica, y por consiguiente tampoco las matemáticas que constituyen uno de los pilares de nuestra empírica sociedad occidental. Antes de estos ejercicios culturales e intelectuales se practicaba la persuasión mediante la argumentación y la evaluación de la evidencia. Y fue en los tribunales, con sus juicios públicos, donde se fueron puliendo estos elementos que son la base de nuestro sistema de pensamiento.

Los juicios eran un acontecimiento diario en Atenas. Cientos, cuando no miles de ciudadanos libres llenaban los teatros para escuchar a las dos partes. Los ciudadanos constituían un jurado inmenso y anónimo: lo único que tenían en común era la edad (superior a treinta años) y su condición masculina. Dado que estos jurados estaban siempre formados por un número impar de personas resultaba imposible el empate. Cada decisión era final e inapelable.

A lo largo de varias horas, acusado y acusador ocupaban el centro del escenario. El acusador hablaba primero y dejaba luego que el acusado rebatiese sus argumentos. Ambos querían ser Pitágoras. Ambos aspiraban a embelesar a los hombres del jurado con el orden, el ritmo y la precisión de sus palabras. Quienes carecían de dotes oratorias o de confianza podían comprar la elocuencia; los redactores profesionales de discursos estaban muy solicitados. El arte de hablar en público ganó prestigio: todo el mundo quería aprenderlo. Todos los griegos sabían que una argumentación sólida e inatacable podía marcar la diferencia entre la libertad y la prisión, entre la vida y la muerte.

Imaginemos un juicio. Se afirma que el acusado ha matado al hijo del acusador para robarle sus cien monedas de oro. ¿Qué argumento presenta el padre doliente ante la corte? Quizá aluda a un caso similar, conocido por todos los presentes, en el que un hombre mató a otro por diez monedas de oro. Si un hombre está dispuesto a jugarse el pellejo por diez monedas de oro, afirma el padre, a buen seguro estará dispuesto a jugárselo por cien monedas. El argumento del padre, con el que establece el motivo del crimen, es un ejemplo de lógica matemática básica: si x es cierto, entonces x^2 es igualmente cierto.

Hasta nuestros días ha llegado un ejemplo real de retórica jurídica de la antigua Grecia, inserto en la primera *Tetralogía* de Antifonte. Es el caso de un hombre acusado de matar a sangre fría a su víctima y al esclavo de este. Anticipándose al posible alegato de que «Fue otro quien lo hizo», el demandante analiza metódicamente todas las situaciones posibles, para descartarlas una tras otra, con un estilo argumentativo muy similar a lo que los matemáticos llaman «demostración por agotamiento».

No es probable que haya sido asesinado por malhechores (ladrones), ya que nadie que expone su vida a tan grande riesgo renunciaría al premio cuando este se encuentra a su alcance; y las víctimas fueron descubiertas vestidas todavía con sus capas. Y tampoco murieron a manos de nadie que estuviese alcoholizado: sus amigos íntimos conocerían la identidad del asesino. La muerte no se produjo como consecuencia de una disputa, puesto que en ese caso no habrían buscado pelear en mitad de la noche y en un paraje desierto. Y el criminal no abatió al interfecto cuando intentaba golpear a otra persona; de ser así, no habría matado tanto a amo como a esclavo.

A medida que se van eliminando las razones que podrían llevar a sospechar que el crimen no fue premeditado, las circunstancias de la muerte ponen de manifiesto que el asesinato de la víctima fue voluntario. El demandante anticipa las posibles defensas con precisión: «la muerte se debió a (1) ladrones (2) borrachos (3) una pelea (4) un accidente» para poder refutarlas una por una. Pero también hace algo más. Cada posible explicación constituye una prueba en miniatura. Al rechazar la posibilidad de que un ladrón cometiese el crimen, por ejemplo, el argumento se desarrolla de la siguiente manera:

Un ladrón (según el acusado) mató a la víctima.
Pero los ladrones roban las capas de sus víctimas.
Por lo tanto, un ladrón no mató a la víctima.

Esa misma estructura podemos encontrarla en los *Elementos* de Euclides.

CA y CB son cada uno iguales a AB.
Pero las cosas iguales a la misma cosa son también iguales entre sí.
Por lo tanto, CA es también igual a CB.

Resulta difícil exagerar la importancia que los *Elementos* (escritos tres siglos antes de nuestra era) han tenido en la historia del progreso intelectual, o hasta qué punto son ejemplo del florecimiento de la retórica y la lógica que permitieron su composición. La proposición 21, incluida en el libro ix del tratado (algunas de las páginas más antiguas del volumen, que se remontan al tiempo de los pitagóricos) ilustra el tono argumentativo adoptado por el autor en todo el texto.

Si sumamos tantos números pares como nos plazca, el resultado es par [...]. Porque, puesto que cada uno de los números [...] es par, todos tienen una mitad; con lo que el [número] total también tiene una mitad. Pero un número par es aquel que puede ser dividido en dos partes iguales; por lo tanto, [el número total] es par.

Este argumento se puede resumir así:

Proposición: la suma de números pares (no importa la cantidad), da siempre un resultado par.
Aclaración: puesto que los números pares tienen dos mitades, la suma tendrá también dos mitades.

Axioma: un número par es aquel que puede dividirse en dos partes iguales.

Conclusión: por consiguiente, la suma de cualquier cantidad de números pares es par.

Ahí se recoge cualquiera de los argumentos que pudieron presentarse en los tribunales griegos.

Proposición: el acusado me robó un buey.

Aclaración: puesto que no me dijo nada del buey antes de llevárselo, el buey fue sustraído sin mi permiso.

Axioma: la sustracción de una propiedad sin permiso del propietario constituye un robo.

Conclusión: por consiguiente, mi buey fue robado.

Con sus axiomas (afirmaciones que aceptamos como evidentemente ciertas), el demandante griego pudo construir metódicamente su caso, y el matemático griego, su teorema. En ningún otro lugar del mundo se le había ocurrido a nadie hasta entonces ponerse de acuerdo sobre en qué consiste la esencia de esto o aquello. Los griegos fueron los únicos que dejaron de lado el dictamen de príncipes, dioses o tradiciones y optaron por el razonamiento lógico. ¿Qué es un delito? ¿Qué constituye un asesinato? ¿Qué es un robo? Los griegos fueron los primeros en preguntárselo. Fueron los primeros en distinguir entre «actos criminales» e «infortunios» o «errores de juicio». Las definiciones, concisas, básicas e inequívocas, pasaron a formar parte de la imaginación ateniense: así nos lo cuenta Aristóteles.

A menudo sucede que un hombre admite un hecho, pero no admite el nombre que su acusador asigna al acto [...]. Reconoce que tomó algo, pero no que lo «robó»; que golpeó primero a alguien, pero no que cometiese «agresión»; que yació con una mujer, pero no que cometiese «adulterio»; que es culpable de «robo», pero no de «sacrilegio», puesto que el objeto hurtado no estaba consagrado; que ha cometido allanamiento, pero no que ha invadido tierras del Estado; que ha mantenido comunicaciones con el enemigo, pero no que sea culpable de «traición». Por tanto, si deseamos que la justicia de nuestro caso resulte evidente, debemos ser capaces de distinguir el robo, la agresión y el adulterio de lo que no lo es.

De manera parecida, Euclides define un «punto», una «línea», un «cuadrado», una «unidad» y un «número» (entre otras cosas) como respondiendo a preguntas que a nadie hasta entonces se le había ocurrido formular. ¿Qué es un punto? ¿Qué es una línea? Para un escriba de Alejandría o un estudioso de la lógica en Xianyang, esas preguntas eran incomprensibles. No tenían ningún sentido. En todo caso, se limitarían a responder dibujando un punto o trazando una línea con una gota de tinta.

Los libros de Euclides no solo postulaban estas cuestiones, sino que enunciaron la ley (en lo que a respuestas se refiere) del trabajo de generaciones futuras de matemáticos. ¿Qué es un punto? Aquello que no se puede dividir. ¿Una línea? Una longitud sin anchura. ¿Un cuadrado? Un cuadrángulo equilátero y rectángulo. ¿Una unidad? Aquello en virtud de lo cual cada una de las cosas que existen se llama «una». ¿Un número? Una multitud compuesta de unidades. Estas bases permitieron a los matemáticos «que la justicia de su caso resultase evidente».

Pueden mencionarse también otros casos. A mediados del siglo XIX, más de dos milenios después de Euclides, un abogado de Illinois llevaba en su maletín una copia de sus *Elementos*. Su nombre: Abraham Lincoln.

El texto, y las proposiciones contenidas en él, causaron una fuerte impresión en Lincoln y moldearon su posterior carrera política. En 1859, durante un discurso pronunciado en Ohio contra un rival partidario de la esclavitud (un juez llamado Douglas), Lincoln afirmó:

> Hay dos maneras de probar una proposición. Una de ellas intenta demostrarla mediante la razón, y la otra procura probar que grandes hombres del pasado eran de esa opinión, para así establecerla por el peso de esas autoridades. Bien, si el juez Douglas consigue demostrar de alguna manera el derecho de un hombre a esclavizar a otro sin que este u otra persona pueda objetar a ello, del modo en que Euclides demostró sus proposiciones, no habrá objeción. Pero cuando toma la palabra y pretende fijar un principio recurriendo a la autoridad de personas que, por su parte, aborrecían ese principio, debo rogar que no se le permita hacerlo.

Las definiciones y los axiomas marcaron los discursos más famosos del presidente Lincoln. Su habilidad retórica, persuasiva, deductiva y lógica era sometida siempre al más severo de los exámenes. El país estaba en crisis. La guerra de Secesión estaba a punto de estallar. El presidente se dirigió a la nación entera en defensa de la Unión.

> Sostengo que, de acuerdo con las leyes universales y con la Constitución, la unión de estos estados es perpetua. Esta perpetuidad, si no expresamente, está implícita en la ley fundamental de todos los gobiernos nacionales. Cabe afirmar sin miedo que ningún gobierno legítimo ha contemplado en sus leyes orgánicas disposición alguna para su extinción. Continuemos cumpliendo con las disposiciones expresas de nuestra Constitución nacional, y la Unión pervivirá por siempre, por cuanto no es posible destruirla excepto a través de acciones no contempladas en el propio instrumento.

Proposición: la unión de estos estados es perpetua.

Aclaración: la perpetuidad está implícita en la ley fundamental de todos los gobiernos nacionales.

Axioma: ningún gobierno ha tenido nunca previsto en su derecho su propio fin.

Conclusión: por consiguiente, hay que continuar aplicando la Constitución, y la Unión pervivirá por siempre.

A lo largo de los cuatro años de Lincoln en la presidencia, los encarnizados combates de la guerra costaron la vida a aproximadamente setecientas cincuenta mil personas, y la nación a punto estuvo de hacerse pedazos, pero los postulados del presidente acabaron revelándose correctos.

«No somos enemigos sino amigos», había dicho el presidente en aquel mismo discurso a la nación. Puede que estuviera pensando en un proverbio que se le atribuye a Pitágoras y que él adoptó como axioma: «La amistad es igualdad».

Sobre los números grandes

En la segunda de sus *Odas olímpicas*, el poeta lírico Píndaro escribía: «La arena escapa de ser contada». Con ello expresaba la misma idea que llevaría a sus coetáneos griegos a acuñar el término ψαμμακόσιοι («arenacientos») para expresar una cantidad inconmensurable.

Durante cerca de dos siglos, la aseveración de Píndaro no encontró contestación, lo que no está nada mal si tenemos en cuenta que estamos hablando de un simple verso de una poesía. La refutación llegó finalmente a mediados del siglo III a. C., y se encuentra entre los logros más destacados del matemático Arquímedes.

Al presentar un tratado académico (el primero del que existe constancia) a su rey, Arquímedes propuso un argumento espectacularmente audaz.

Hay quien cree, rey Gelón, que el número de granos de arena es infinito. No hablo solo de la arena de Siracusa y del resto de Sicilia, sino también de la arena en el conjunto del mundo habitado, y también en el no habitado. Están también los que no los creen infinitos, pero piensan que no se ha dado todavía nombre a un número lo suficientemente grande como para superar su magnitud [...]. Yo intentaré probar mediante demostraciones geométricas (que podréis seguir) que algunos de los números a los que hemos puesto nombre [...] superan [...] el número de granos de arena presentes en la Tierra.

Las estimaciones de Arquímedes a propósito de las medidas de la Tierra, la Luna, el Sol y el resto de estrellas fueron generosas: así, por ejemplo, asignó a la Tierra un perímetro diez veces mayor que el obtenido mediante cálculos de astrónomos anteriores. Del mismo modo, Arquímedes puso especial cuidado en considerar un amplio margen de error al proponer el tamaño aproximado de un grano de arena. Equiparó diez mil granos de arena a una semilla de amapola y luego alineó pacientemente las semillas sobre una regla. De este modo determinó que eran necesarias veinticinco semillas de amapola para medir una pulgada. Pero aun así ajustó esta cifra y la cambió a cuarenta semillas por pulgada, con la intención de «demostrar sin lugar a dudas lo que se asevera». Así calculó el número máximo de granos de arena que caben en una pulgada cuadrada: dieciséis millones (10.000 × 40 × 40).

Arquímedes daba por supuesto que el universo era esférico. Basó sus estimaciones del diámetro del universo en los cálculos empleados para determinar el diámetro de la órbita de la Tierra alrededor del Sol. De acuerdo con sus cálculos, el universo tenía un diámetro no superior a 100.000.000.000.000 estadios (unos dos años luz). 1.000.000.000.000.000.000.000.000.000. 000.000.000.000.000.000.000.000.000.000.000 granos de arena serían más que suficientes para saturar todo el espacio.

A continuación, Arquímedes demostró que el término griego «miríada» (diez mil, o cien centenas) era perfectamente adecuado para contabilizar cualquier cantidad terrena, hasta las más elevadas. La expresión «miríada de miríadas», señaló, le permitía al contador alcanzar el equivalente de cien millones, la cantidad más alta nombrada hasta entonces. Pero si era posible contar en miríadas, debería ser igualmente posible contar en «miríadas de miríadas», de modo que al multiplicar esta cifra por sí misma se obtendría una «miríada de miríada de miríada de miríadas», o 10.000.000.000.000.000. Y de considerar esta nueva cifra como unidad, tan válida como la «miríada» o la «miríada de miríadas», se podría multiplicar la «miríada de miríadas de miríadas de miríadas de miríadas de miríadas de miríadas», o lo que es lo mismo, 100.000.000.000. 000.000.000.000.000.000.000.

Hasta ahora hemos multiplicado una miríada por sí misma un total de ocho veces. El paso siguiente de Arquímedes tenía la elegancia de la lógica más sencilla: multipliquemos una miríada de miríadas por sí misma una miríada de miríadas de veces. El «1» inicial del resultado va seguido por ochocientos millones de ceros.

Arquímedes persistió en su lógica y propuso multiplicar este nuevo número por sí mismo otra miríada de miríada de veces, un número que requiere ochenta mil billones (80.000.000.000.000.000) de ceros tras el uno inicial.

Rey Gelón, para los muchos que no han recibido formación matemática imagino que estas cifras no resultarán fácilmente creíbles, pero quienes las hayan estudiado y hayan reflexionado en profundidad sobre las distancias y tamaños de la Tierra y el Sol y la Luna y el universo resultarán asumibles, sobre la base de esta demostración. De ahí que no me pareciese desaconsejable que también vos consideraseis estas cuestiones.

Encontramos la misma comparación entre la inmensidad y los granos de arena en los *sutras* de la India, muchos de los cuales fueron transcritos en la época de Arquímedes. En el *lalistavistara sutra*, narración hagiográfica de la vida de Buda, leemos sobre un encuentro entre el joven Siddartha y «el gran matemático

Arjuna». Arjuna le pide al muchacho que multiplique números por cien a partir de un *koti* (que por lo general se considera equivalente a diez millones). Sin titubear, Siddhartha responde acertadamente que cien *kotis* es un *ayuta* (es decir, mil millones), y a continuación multiplica esta cifra por cien, y el nuevo número por cien, y así sucesivamente hasta que, tras veintitrés multiplicaciones consecutivas, llega al número llamado *tallaksana* (un uno seguido de cincuenta y tres ceros).

Siddhartha multiplica entonces de nuevo ese número, aunque no está claro si lo multiplica por cien o por otra cantidad. En una frase que recuerda a Arquímedes, afirma que con esa nueva cifra el matemático podría tomar cada grano de arena del Ganges «como objeto de cálculo y medición». Una y otra vez el *bodhisattva* multiplica aquel número hasta llegar a *sarvaniksepa*, con el que (según le explica al matemático) sería posible contar cada grano de arena en diez ríos del tamaño del Ganges. Y por si no fuera suficiente, continúa diciendo, es posible multiplicar este número y obtener *agrasara*, un número mayor que el de todos los granos de arena contenidos en mil millones de Ganges.

Posteriormente nos informan de que estas estratosféricas altitudes numéricas son terreno reservado para las mentes puras e iluminadas. Según el *sutra*, solo los *bodhisattvas* (seres que han alcanzado su encarnación definitiva) son capaces de contar hasta tales cantidades. En los versículos finales, el matemático Arjuna debe admitirlo.

> Es un conocimiento supremo del que carezco, pues me supera.
> ¡Quien posee tal conocimiento de los números no tiene parangón!

La historia de la iluminación de Siddhartha Gautama, por emplear su nombre completo, comienza en el palacio de su padre. Se cuenta que el rey nepalí decidió recluir a su hijo nada más nacer para mantenerlo apartado de la desoladora naturaleza del mundo. Encerrado tras unas puertas doradas, el niño permanecería siempre ajeno al sufrimiento, la vejez, la pobreza y la muerte. Podemos imaginar las limitaciones de su vida soberana: los ricos manjares, las lecciones en letras y artes militares, en música y bailes rituales. En las orejas lucía piedras preciosas de tal tamaño que le deformaban los lóbulos. Pero evidentemente no era libre: su horizonte eran las paredes de palacio, los techos su único cielo. Las flautas de metal y el tintineo de las pulseras suplantaron el canto de los pájaros. El aroma dulzón de las cocinas de palacio desplazó al olor de la lluvia.

Pasaron casi treinta años; Siddhartha había contraído matrimonio y engendrado un hijo, y solo entonces supo que había un mundo más allá de los muros de palacio. Decidió salir a conocerlo, y se lanzó a recorrer las áreas rurales acompañado solo por el cochero que guiaba su carroza. El príncipe vio entonces por primera vez a personas debilitadas por la enfermedad, la vejez y la pobreza. Ni siquiera de ver un cadáver pudo escapar. Profundamente afectado por todo lo que había visto, abandonó su vida anterior y optó por una existencia ascética y errante.

La peculiar historia del príncipe recluido en su palacio, tan apropiada para hacernos reflexionar, suena a cuento de hadas (y muy posiblemente lo sea). Pero a mí me ha llamado siempre la atención un aspecto muy concreto de la revelación del mundo exterior ante Siddhartha. Es más que probable que sus primeros treinta años de vida transcurriesen sin conocimiento alguno de los números.

¿Qué debió de sentir, entonces, cuando vio a grandes grupos de personas interactuar en las calles? Antes de aquel día no podría haber creído siquiera que existiesen tantos seres humanos. Y qué maravilloso debió de ser descubrir las bandadas de pájaros, y los montones de piedras, y la hierba y cada una de las hojitas de los árboles. Descubrir de repente que durante toda su vida había tenido la multiplicidad al alcance de la mano.

Más adelante, sus seguidores asociarían la mente iluminada de Siddhartha a un profundo conocimiento de los números. Puede que igual que todas las sorpresas que se le revelaron subido a su carruaje, aquella primera toma de contacto con la multiplicidad le pusiese en camino hacia el nirvana.

Esto me recuerda otra historia. En esta ocasión, el protagonista no es un rey, sino un matemático. A diferencia del padre de Buda, a este sí le gustaban los números grandes; disfrutaba hablando de ellos con su sobrino de nueve años. Un día, a mediados del siglo xx, el matemático norteamericano Edward Kasner animó al niño a poner nombre a un número que tuviese un centenar de ceros. «Gúgol», respondió el niño tras reflexionar un poco.

En *Matemáticas e imaginación*, Kasner relata la anécdota sin ofrecer explicaciones sobre el origen de la palabra. Lo más seguro es que al niño se le ocurriese intuitivamente. Según los lingüistas, los anglófonos tienen tendencia a asociar una g inicial con tamaños considerables debido a que el inglés usa muchas palabras que empiezan con g para describir cosas *great* (grandes), *grand* (magníficas), *gross* (desmesuradas) o *gargantuan* (gigantescas), y que crecen (*grow*) o se acrecientan (*gain*). Podría también destacar otro de sus rasgos: tanto la vocal larga «oo» como la l final de *googol* (la forma inglesa de «gúgol») sugieren una duración infinita. Podemos oír esa diferencia en la pareja de verbos *put* y *pull*, donde la t final del primero implica una acción completada (poner, colocar), mientras que una persona puede estirar (*pull*) durante cualquier periodo de tiempo.

En un universo plagado de números, no existe ninguna cantidad física que se corresponda con un gúgol. El gúgol supera con creces el número de granos de arena que existen en todo el mundo. Reunir todas las letras de todas las palabras de todos los libros jamás escritos no se le aproxima siquiera. Al número total de partículas en el universo conocido le faltan al menos veinte ceros.

Aquel niño no tenía ninguna opción de contar todos los granos de arena del mundo, ni de leer las páginas de todos los libros que se han publicado, pero igual que Arquímedes y el Siddharta de los *sutras* entendió que ningún cosmos puede contener todos los números. Comprendió que con los números podía imaginar todo lo que existe, todo lo que había existido anteriormente y todo lo que podría existir un día; y que todo ello existía también en el reino de la especulación, la fantasía y los sueños.

A su tío el matemático, le gustó la palabra creada por su sobrino. Inmediatamente animó al niño a contar todavía más alto y lo observó mientras fruncía su frente. Obtuvo entonces una segunda palabra, variación de la primera: «gúgolplex». El sufijo *-plex* significa aquí «multiplicado por». El niño definió aquel número como el que contiene todos los ceros que se pueden escribir hasta que se le cansa a uno la mano. Su tío torció el gesto y le hizo ver que el aguante varía mucho de una persona a otra. Finalmente acordaron la definición siguiente: un gúgolplex es un 1 seguido de un gúgol de ceros.

Detengámonos un instante a considerar las dimensiones de esta cifra. No es, por ejemplo, un gúgol multiplicado por un gúgol: ese número consistiría «solo» en la cifra 1 seguida por doscientos ceros. El gúgolplex, en cambio, contiene más de mil ceros, más de una miríada de ceros, más de un millón, más de mil millones de ceros. Contiene muchos más ceros que los ochenta mil millones de ceros a los que el minucioso e insistente Arquímedes dejó de contar. Hay tantos ceros en ese número que no terminaríamos nunca de escribirlo, incluso si la vida de todos los humanos se consagrase en exclusiva a esa tarea.

El gúgolplex es un número tan vasto que abarca casi toda probabilidad imaginable. El físico Richard Crandall pone como ejemplo una lata de cerveza que se vuelca de forma espontánea, «un acontecimiento posibilitado por fluctuaciones cuánticas fundamentales» y cuyas posibilidades de producirse son inmensamente superiores a una entre un gúgolplex. El matemático inglés John Littlewood, por su parte, nos invita a imaginar los apuros de un ratón en el espacio exterior. Littlewood calculó que la probabilidad de que el ratoncito (convenientemente ayudado por fluctuaciones aleatorias de su entorno) sobreviviese una semana entera sobre la superficie del Sol está comprendida dentro de un gúgolplex.

Pero por supuesto un gúgolplex no es infinito. Podemos (como quizá hiciese el niño) continuar la cuenta simplemente sumándole uno. Los ordenadores modernos, a los que tal acumulación de ceros no arredra, han calculado que el numero gúgolplex + 1 no es un número primo. Su factor más pequeño conocido es 316.912.650.057.057.350.374.175.801.344.000.001.

¿Qué le pareció al matemático que «gúgolplex» fuese el número más alto que su sobrino podía imaginar? No nos consta su respuesta, pero podría haberle hablado de algunos de los infinitos números que superan las dimensiones del gúgolplex. Por ejemplo, podría haberle hablado del factorial de gúgol, es decir, el resultado de multiplicar cada número entero existente entre 1 y gúgol (1 × 2 × 3 × ... 950.345 × ... 1.000.000.000.000.008.761 × ... gúgol). Esta cifra (que según los ordenadores empieza así: 16294...) supera sin problemas cualquier otro número que hayamos visto en estas páginas.

Para un universo de dimensiones tan limitadas, estos números monstruosos pueden parecer bastante inútiles. Es más, pueden parecernos incluso excesivos, desproporcionados. A partir de un punto determinado, cada cifra nos parece superflua, una burla. ¿Quién sabe? Quizá no están hechas para que les prestemos atención. El *sutra* de ornamentación floral habla de unos periodos muy largos, los *kalpas*, durante los que el universo se destruye y renace sin cesar. En el punto álgido del *kalpa*, los hombres viven una media de ochenta mil años. En otros ámbitos, se afirma en el *sutra* del corazón, una vida puede prolongarse durante ochenta y cuatro mil *kalpas*, es decir, ochenta y cuatro mil épocas, cada una de ellas con varios ceros. Para estos seres, el gúgol o su factorial serían cifras tangibles y cómodas.

Los matemáticos aspiran a esos reinos celestiales. Los números inmensos, capaces de quebrar nuestro entendimiento, enriquecen su trabajo. Pero también dan pie a paradojas. Por ejemplo: ¿cuál de estos dos números es mayor cuando se multiplican por sí mismos exactamente un gúgolplex de veces, 10 o 27? Este último, por supuesto, pese a que incluso las calculadoras más potentes tienen problemas para distinguirlos. Estas dificultades no cuadran del todo con nuestras expectativas: intuitivamente pensamos que el orden de un número debería mantenerse constante, incluso cuando no es posible conocer su valor exacto. Sin embargo, existen números tan grandes que no resulta fácil distinguirlos de su doble, triple, cuádruple, o cualquier otra cantidad. Existen magnitudes tan inmensas que escapan a nuestras palabras y a nuestros números.

La paradoja más famosa relativa a los números grandes nos conduce de nuevo a la antigua Grecia. La tradición se la atribuye al filósofo Eubulides. Se ha dicho que este se inspiró en el también escéptico Zenón, quien afirmaba que todo grano de trigo al caer hace un ruido proporcional al ruido que haría una fanega de trigo. En la formulación de su paradoja, sin embargo, Eubulides no recurrió al trigo. Como haría Arquímedes un siglo más tarde, construyó su argumento sobre la arena.

Dice así: en primer lugar, aceptamos que un grano de arena no constituye un montón. Añadir un segundo grano no forma tampoco un montón. Lo mismo sucede si añadimos un tercer grano. De esto se sigue que añadir una unidad a cualquier número pequeño genera otro número que llamamos «pequeño». Pero de ser eso cierto, mil millones es un número pequeño. Y también un gúgolplex.

El lector, comprensiblemente escéptico cuando se le presenta esta conclusión, podría argumentar que un montón de arena, igual que un número grande, comienza en un punto concreto: en diez mil granos, por ejemplo. Como solución de la paradoja, esta respuesta resulta insatisfactoria. No está claro por qué nueve mil novecientos noventa y nueve se considera pequeño, pero no nueve mil novecientos noventa y nueve más uno.

Por supuesto, en cierto modo todos los números son pequeños. Dado un número «n» cualquiera, solo existen n-1 números menores que él, pero un grupo infinito de números más elevados.

El poeta romano Horacio (considerado el mejor poeta lírico de la época del emperador Augusto) aludió en sus versos al injustamente olvidado matemático Arquitas para exponer la que quizá sea la mayor paradoja de todas: la de los hombres finitos que dedican sus vidas a intentar medir el infinito.

A ti, que mediste el mar, la tierra y las arenas incontables, ahora te cubre, Arquitas, el escaso tributo de un poco de polvo junto a la costa del Matino; y de nada te sirve el haber explorado las moradas etéreas y recorrido con tu alma mortal la redondez del cielo.

Hombre de nieve

Fuera hace frío, mucho frío. Diez bajo cero, más o menos. Salgo a la calle con el abrigo abrochado hasta la barbilla y los pies enfundados en pesadas botas de goma. La calle, refulgente, está vacía; el cielo está bajo, de un gris lanoso. Bajo la bufanda, los guantes y la ropa térmica siento que se me dispara el pulso. Pero me da igual. Observo mi aliento y espero.

Una semana atrás, ni siquiera una semana entera, en la carretera podían verse las marcas negras del paso de los coches, y las ramas desnudas de los árboles se recortaban contra un cielo azul. Ahora, la nieve ha sepultado Ottawa. La casa de mis amigos está enterrada en la nieve. Un viento helador azota la ciudad.

El espectáculo de los copos que caen me estremece, y eso me distrae de la admiración que me despierta cada copo. Qué hermosos son, pienso. Qué bonitos son todos estos fragmentos brillantes y pegajosos. ¿Cuándo dejarán de caer? ¿En una hora? ¿Un día? ¿Una semana? ¿Un mes? No hay manera de saberlo. Nadie es capaz de predecir lo que hará la nieve.

Por lo que me cuentan los vecinos, nadie ha visto una nevada así en muchos años. Armados con palas, abren senderos desde las puertas de sus garajes hasta la carretera. Los de mayor edad adoptan una fingida expresión de despreocupación y fastidio, que pronto se revela falsa cuando una tenue sonrisa asoma a sus labios cortados por el frío.

Desde luego, resulta agotador recorrer las calles nevadas para ir de compras. La musculatura de las piernas está en constante tensión, cada paso adelante parece llevar horas. Cuando vuelvo a casa, mis amigos me piden que les ayude a limpiar el tejado. Trepo precariamente por una escalera de mano y hago lo que puedo. Es extraño, pero el trabajo nos resulta más fácil porque intuimos que es inútil: sabemos que mañana por la mañana, el tejado volverá a estar cubierto de blanco.

Entro en casa acalorado bajo las múltiples capas de ropa y con la camisa empapada de sudor. Los calcetines húmedos se despegan de los pies como si fueran tiritas; la piel me escuece por el calor que hace dentro de casa. Me lavo y me cambio de ropa.

Más tarde, durante una cena a la luz de las velas, mis amigos y yo repasamos nuestros mejores recuerdos de otros inviernos. Hablamos de trineos, de toboganes nevados y de feroces batallas con bolas de nieve. Yo recuerdo un momento de mi infancia en Londres: la primera vez que oí caer la nieve.

—¿A qué sonaba? —pregunta mi anfitrión.

—Sonaba como cuando alguien se frota lentamente las manos.

Mis amigos me miran frunciendo el ceño, síntoma de concentración. Y finalmente asienten entre risas. «Ya, ya entendemos lo que quieres decir».

Hay uno que ríe con más ganas que los demás. Luce un bigote canoso. No me acuerdo de su nombre, no es uno de los invitados habituales. He creído entender que es científico; en qué disciplina, no lo sé.

—¿Sabéis por qué nos parece blanca la nieve? —nos pregunta el científico.

Todos negamos con la cabeza.

—Se debe a la forma en la que los lados de los copos de nieve reflejan la luz.

A continuación nos explica que la nieve dispersa todos los colores del espectro de manera más o menos equilibrada, y esa distribución nosotros la percibimos como blanco.

La mujer de nuestro anfitrión tiene una pregunta. El cucharón con el que ha estado sirviendo la sopa caliente vuelve a la olla.

—¿No hay forma de que los colores cambien de proporciones? —pregunta.

—A veces, cuando la capa de nieve es muy gruesa.

En ese caso, la luz que recibimos reflejada puede parecer azulada.

—Y a veces, la estructura de un copo de nieve se parece a la de un diamante —continúa diciendo. La luz que penetra en esos cristales sufre tal distorsión que genera un arco iris de destellos multicolores.

—¿Es verdad que no existen dos copos de nieve idénticos? —pregunta entonces la hija adolescente de nuestros anfitriones.

Es cierto. Imaginad, nos dice, la complejidad de un copo de nieve (y por su entusiasmo sabemos que ha dicho «complejidad» en cursiva). Cada copo tiene una estructura básica hexagonal, pero durante el descenso desde las nubes, el aire moldea cada hexágono de manera irrepetible: la más mínima variación de la temperatura del aire o de la humedad ambiental provoca diferencias.

Igual que los matemáticos categorizan cada número (números primos, números de Fibonacci, números triangulares, números cuadrados, etc.) en función de sus propiedades, los investigadores subdividen los cristales de nieve según su tipo. Los clasifican por tamaño, por forma y por simetrías. Por lo visto, las principales maneras en las que cada hexágono se forma y se tranforma suman varias decenas (el número exacto depende del sistema de clasificación).

Por ejemplo, hay cristales de nieve planos y con brazos amplios, similares a estrellas, y los meteorólogos se refieren a ellos como «placas estelares», mientras que los que tienen crestas más pronunciadas reciben el nombre de «placas sectorales». Los copos con ramificaciones, habituales en las decoraciones navideñas, son conocidos como «dendritas estelares» («dendrita» deriva de la palabra griega para 'árbol'). Cuando estos copos desarrollan tantas ramificaciones que acaban pareciendo helechos, se alude a ellos como: «dendritas estelares con forma de helecho».

En ocasiones, los cristales de nieve crecen a lo largo, y no son planos sino esbeltos. Caen entonces como columnas de hielo y parecen el pelo blanquísimo de una abuelita (estos copos reciben el nombre de «alfileres»). Algunos son como hermanos siameses y presentan doce caras en lugar de las habituales seis, mientras que otros, vistos de cerca, se asemejan a una bala (y reciben el nombre de «balas aisladas», «balas truncadas» o «rosetas de bala»). Entre las restantes formas posibles encontramos la «copa», la «vaina» y las que se asemejan a «puntas de flecha».

Escuchamos en silencio la explicación del científico. Nuestra atención le halaga y sus manos blancas dibujan mientras habla la forma de cada copo en el aire.

Complejidad. Pero a partir de esta surgen patrones, formas, identidades que cada cultura es capaz de percibir y comprender. He leído, por ejemplo, que en China los copos de nieve eran «flores», y que los escitas los comparaban con plumas. En los Salmos (147:16), la nieve es una «lana blanca», mientras que en algunas regiones de África la ven como algodón. Los romanos llamaban *nix* a la nieve, homónimo (como apuntaría en el siglo XVII el astrónomo y matemático Johannes Kepler) de la palabra 'nada' en el dialecto bajo alemán.

Kepler fue el primer científico que describió la nieve. En lugar de hablar de flores, de lana, o de plumas, entendió que los copos de nieve eran el producto de un complejo proceso. El motivo de la regularidad hexagonal de su forma no había que buscarlo «en lo material, puesto que el vapor es informe». En lugar de ello, Kepler propuso un proceso organizador dinámico, en el que los «glóbulos» de agua congelada se distribuían metódicamente de la manera más eficaz posible. «En este sentido está en deuda con el matemático inglés Thomas Harriot», señala el divulgador científico Philip Ball, «que acompañó a Walter Raleigh en calidad de navegante durante sus viajes al Nuevo Mundo en 1584 y 1585». Harriot había asesorado a Raleigh sobre la «forma más eficaz de apilar las balas de cañón en la cubierta del barco», lo que animó al matemático a «teorizar sobre el ordenamiento próximo de esferas». La hipótesis de Kepler, según la cual la distribución hexagonal «es la más apretada que cabe imaginar, puesto que con ningún otro ordenamiento pueden amontonarse tantos elementos en un mismo contenedor», no quedaría demostrada hasta 1998.

Aquella noche, la nieve se adentró en mis sueños. La calidez de la cama no era suficiente para protegerme de mis recuerdos infantiles del frío. Soñé con un invierno lejano en el jardín de mis padres: la nieve en polvo, recién caída, era como azúcar para mis hermanas y hermanos pequeños, que salieron apresurados entre gritos de alegría. Yo no quise unirme a ellos y preferí seguir sus juegos desde la ventana de mi dormitorio.

Más tarde, sin embargo, cuando terminaron de jugar y volvieron a entrar en casa, me atreví a salir y empecé a compactar la nieve. Como si fuera un inuit (que llaman a la nieve *igluksaq*, 'material para construir casas'), quería rodearme de ella, construirme un refugio. Poco a poco, la nieve crujiente me fue rodeando, apilándose a mi alrededor, cada vez más alta, hasta que por fin me rodeó por completo. Y me acurruqué allí dentro, con la cara y las manos cubiertas de nieve, sintiéndome triste y seguro.

—*On t'attend!* —gritan mis amigos por la mañana—. ¡Estamos listos, te esperamos!

Soy el perezoso inglés, en absoluto acostumbrado a este clima helador, al letargo que impone a todo el cuerpo, a la persistente e ineludible sensación de estar bajo el agua. Veo ahora que la poca nieve a la que he estado expuesto hasta ese momento era solo una burda imitación de la nieve de mi infancia. El aguanieve sucio de Londres ha enturbiado mis recuerdos. Pero aquí, en Canadá, la nieve es de un blanco incandescente e irresistible: es una superficie reluciente que me devuelve a la niñez, y al mismo tiempo me recuerda con melancolía que el tiempo pasa.

Me pongo primero un jersey, luego una especie de chaleco térmico y luego un abrigo que me llega a las rodillas. Al cuello llevo una bufanda y unas orejeras lanudas me protegen las orejas. Me ato los cordones de las botas con las manoplas puestas.

Afortunadamente, los canadienses no temen al invierno. Aquí saben cómo gestionar la nieve. No conocen el pánico que suele abatirse sobre londinenses y parisienses: aquí a nadie se le ocurre hacer acopio de leche, pan y comida enlatada. Los atascos, las reuniones canceladas, los apagones rara vez se producen. Las caras que me saludan al bajar son pulcras y sonrientes. Saben que las calles estarán despejadas, que sus cartas y paquetes llegarán a tiempo, que las tiendas y las escuelas estarán abiertas como de costumbre.

En los colegios de Ottawa, los niños crean copos de nieve con hojas blancas de papel. Primero doblan el folio a lo largo, luego forman con él un cuadrado, que a continuación doblan para crear un triángulo rectángulo. Con una tijera recortan todos los lados del triángulo; cada alumno dobla y recorta su hoja como mejor le parece. Cuando despliegan el papel aparecen copos de nieve diferentes, tantos como niños hay en el aula. Pero todos tienen algo en común: todos son simétricos.

Los copos de papel de la clase solo se parecen en parte a los que caen tras los cristales de las ventanas. Desprovistos de las imperfecciones de la naturaleza, los copos desplegados de los niños representan un ideal. Son la imagen que vemos al cerrar los ojos y pensar en un copo de nieve: brazos equidistantes, idénticos en las seis caras. Pensamos en ellos como pensamos en las estrellas, en las flores y en las celdillas de las colmenas. Imaginamos los copos de nieve puros, con la mente de un matemático.

En la universidad de Wisconsin, el matemático David Griffeath ha mejorado el juego infantil creando copos de nieve no con papel, sino con un ordenador. En 2008, Griffeath y su colaborador Janko Gravner (ambos especialistas en «sistemas interactivos complejos de dinámicas aleatorias») diseñaron un algoritmo que imita los múltiples principios físicos que determinan la formación de los cristales de nieve. El proyecto resultó lento y laborioso. El algoritmo puede llegar a precisar un día entero para completar los cientos de miles de cálculos necesarios para generar un solo cristal. Una y otra vez, los dos investigadores establecieron y modificaron parámetros para que la simulación fuese lo más realista posible. Los resultados finales fueron extraordinarios. En la pantalla del ordenador de los matemáticos apareció toda una galaxia de copos de nieve tridimensionales: elaboradas dendritas estelares de finísimas líneas, estrellas de doce puntas, alfileres, prismas; todas las configuraciones conocidas y otras muchas, parecidas a las alas de una mariposa, que nadie había identificado hasta entonces.

Mis amigos me llevan de paseo a un bosque próximo. La nieve cae de manera intermitente; sobre nuestras cabezas aparecen jirones de azul entre las nubes. La luz del sol brilla sobre los cerros nevados. Avanzamos lenta, rítmicamente sobre la gruesa capa de nieve, que cruje bajo nuestras botas.

Siempre que nieva, la gente mira las cosas y de repente las ve. Las farolas, los umbrales de las puertas, los tocones de los árboles, las líneas telefónicas: todo cobra un aspecto completamente nuevo. Vemos lo que son, y no solo lo que representan. Las curvas, los ángulos, las repeticiones nos llaman la atención. En el bosque nos detenemos a contemplar la geometría de las ramas, de las vallas, de las intersecciones del camino, y admiramos todo en silencio.

Una voz anuncia que el río Hull se ha helado. Intento disimular mi entusiasmo con una pregunta. «¿Y si vamos?», les digo a mis amigos. Y es que donde hay hielo, inevitablemente habrá patinadores, y donde hay patinadores habrá también risas y alegría, y puestos de venta de pasteles calientes y vino especiado. Y decidimos ir.

El río helado rebosa actividad: parkas haciendo piruetas, perros mojados correteando y clientes haciendo cola. El aire huele a canela. La nieve está en boca de todos: es la excusa ideal para romper el hielo de cualquier conversación. Nadie se está quieto mientras habla: todos saltan de un pie a otro, dan pataditas, arrugan la nariz y exageran el parpadeo.

La nieve cae ahora con más fuerza, y se arremolina con el viento. Todo el mundo parece fascinado con el caer de los copos. Los ruidos humanos se evaporan: nadie se mueve. Nada queda indiferente a su tacto. Nuevos mundos aparecen y desaparecen, dejando su huella en nuestra imaginación. La nieve cae y llega al suelo y forma farolas de nieve, árboles de nieve, coches de nieve, hombres de nieve.

¿Cómo sería un mundo sin nieve? No soy capaz de imaginar un lugar semejante. Sería como un mundo sin números. Cada copo de nieve, tan único como cualquier número, nos revela algo sobre la complejidad. Quizá por eso no nos cansaremos nunca de admirarlos.

Ciudades invisibles

«Nuestro deseo sería vernos a nosotros mismos traducidos en la piedra y en las plantas». Ese es, según Nietzsche, el propósito de las ciudades: crear espacios y estructuras donde las personas puedan pensar. Los ostentosos edificios sacros, se quejaba, inhiben el librepensamiento. Él abogaba por una ciudad ideal, «amplia» y «capaz de expandirse».

Recuerdo esas palabras cada vez que voy a Nueva York, donde los altísimos edificios aspiran a tocar el cielo. Las alargadas siluetas de los rascacielos se posan sobre los taxis amarillos y los vendedores ambulantes de perritos calientes. Los edificios de la ciudad cobijan a ocho millones de personas, entre ellas algunas de las mentes más creativas del planeta. Aquí llega gente de todos los países, de todas las lenguas, ¿y para qué? Muy posiblemente vayan a Nueva York para poder pensar.

Pero los neoyorquinos, como la mayoría de nosotros, no prestan especial atención a su entorno, ni a la forma en la que la ciudad motiva y moldea sus ideas. Hay excepciones, por supuesto, y no hablo solo de los recién llegados. Me refiero a los matemáticos, que vayan donde vayan lo hacen como turistas. Con sus majestuosos edificios y la cuadrícula de sus calles rectilíneas numeradas (Noventa y tres con la Quinta), la ciudad de Nueva York fue creada para los matemáticos.

Al diseñar (o soñar) una ciudad, existe la tentación de pensar en ella numéricamente, de valernos de algunos de los placeres del matemático. Los arquitectos de las ciudades y de los edificios dividen y categorizan el espacio. Aquí irá el tráfico matinal, y en esta sección, los corredores del parque. Aquí arriba, ordenadores de oficina, y debajo, un aparcamiento. Los diseñadores transforman los números en líneas y formas habitables. Las ciudades son la encarnación de los patrones numéricos que contienen y dirigen nuestras vidas. Pero todas las ciudades comienzan siendo invisibles.

Antes de que existiera Nueva York como ciudad existió Nueva York como idea: un mero destello en la mirada de los colonos europeos, que bautizaron Nieuw Amsterdam los bosques, ríos y senderos de clanes aborígenes que descubrieron. Muchos años más tarde, durante la guerra de Independencia, la pujante colonia sirvió transitoriamente como capital de la recién formada Unión. A partir de aquel momento fue posible empezar a concretar visiones hasta entonces intangibles.

Una comisión formada en 1811 se mostró favorable a la construcción masiva de «casas rectangulares y de fachadas rectas». Se construyeron avenidas de exactamente 100 pies (30,5 metros) de ancho, que se numeraron de este a oeste del uno al doce. Los pasajes perpendiculares a las avenidas se convirtieron en calles de 60 pies (18,3 metros) de ancho, y a cada una se le asignó consecutivamente un número, del uno al ciento cincuenta y cinco. Los nombres de las calles servirían como puntos cardinales para ayudar a extranjeros y personas con mala orientación a llegar a su destino. Aquella rigidez geométrica impuso orden, eficiencia comercial y salubridad, pero también destruyó muchos de los espacios naturales de la isla de Manhattan. En palabras de un miembro de la comisión, la cuadrícula urbana marcó «el albor de nuestro imperio».

Aun así, Nueva York constituye una excepción. No todas las

ciudades encuentran su territorio; muchas quedan eternamente huérfanas y existen solo en la mente de quien las ideó. Me gustaría esbozar una breve historia de estas ciudades invisibles.

En *Las leyes*, Platón ofrece la receta de la ciudad ideal. Como cualquier cocinero, hace hincapié en la precisión de los ingredientes y el desarrollo de la receta. En varios pasajes insiste de manera muy evidente en un número u otro en particular. En el diseño platónico no hay margen para las aproximaciones; como tampoco lo hay para la discusión, ya que para Platón, la calidad de su ciudad es «tan evidente como el hecho de que Creta es una isla».

Con sus «leyes», Platón pretendía en realidad establecer límites. Sin una ciudad, argumenta, el ser humano viviría en un «desierto terrible e ilimitable». Y no sabría nada de artes o ciencias; y lo que es peor, tampoco se conocería a sí mismo.

Pero una ciudad excesivamente grande tampoco serviría. Era preciso delimitar cuidadosamente los límites de la ciudad para que no fuera ni demasiado grande ni demasiado pequeña, de modo que sus ciudadanos, con tiempo y esfuerzo, pudiesen poner nombre a cada rostro. Esta circunstancia, en opinión de Platón, permitiría poner fin al azote de la guerra, que tantas grandes ciudades había aniquilado en el pasado. Platón también cita con aprobación el elogio de la moderación de Hesíodo: «La mitad es a menudo mayor que el todo».

Partiendo del principio según el cual «los números, en sus divisiones y complejidades, son útiles para todo», Platón propone limitar su ciudad ideal a exactamente 5.040 familias de propietarios terratenientes. ¿Por qué 5.040? Es lo que los matemáticos llaman un «número altamente compuesto», lo que significa que tiene un elevado número de denominadores. De hecho, 5.040 puede dividirse por al menos sesenta números, entre ellos todos los comprendidos entre uno y diez.

5.040 puede dividirse también entre doce. Platón distribuye

el total de familias en doce tribus, cada una compuesta, por tanto, por 420 familias. Pese a ser interdependientes, cada una de estas tribus es fija y autosuficiente, como los meses del calendario solar.

El uso de números altamente compuestos facilita la subdivisión de la tierra y la propiedad entre los ciudadanos. Cada familia de cada tribu recibe una parcela de tierra de idéntico tamaño, empezando desde el centro de la ciudad y avanzando radialmente hacia el campo exterior. De este modo, la ciudad distribuye equitativamente el terreno fértil: la mitad de cada parcela contiene el suelo más rico de la ciudad mientras que la mitad restante contiene la parte más pedregosa.

El ideal platónico de 5.040 familias intriga a los estadísticos modernos. Han calculado que una población de estas características necesitaría 164 (o 165) nacimientos al año para poder mantenerse. Siguiendo la lógica de la antigua Grecia, que consideraba a los hombres como jefes de sus respectivos hogares, han calculado también que la cifra anual de padres potenciales en la ciudad sería de 1.193. Platón creía que uno de cada siete matrimonios daría frutos cada año, lo que se traduce en una previsión de partos anuales de 170, cifra que se corresponde casi exactamente con los cálculos de nuestros estadísticos.

¿Qué planes tenía Platón para mantener bajo control el número de hogares en su ciudad ideal? Su propuesta era que cada herencia pasase a manos de un único heredero masculino, «el más amado». Los hijos restantes se distribuirían entre los ciudadanos sin hijos, mientras que las hijas se entregarían en matrimonio.

En la ciudad de Platón no había lugar para las familias numerosas. La fecundidad sería ilegal: toda pareja que engendrase «demasiados» hijos sería expulsada. El límite preciso de 5.040 hogares por ciudad era inviolable, todos los miembros sobrantes tendrían que marcharse.

Platón imaginaba que sus límites garantizarían la igualdad y la seguridad de todos los ciudadanos. En su bucólica visión, hombres y mujeres «se alimentarán de harina de cebada y de trigo, que cocerán o amasarán en forma de tortas y de panes, y comerán sobre juncos o sobre hojas de árboles; los habitantes y sus hijos se acostarán sobre alfombras de verdura, de tejo y de mirto; beberán vino, coronados con guirnaldas de flores y entonando alabanzas a los dioses, gozosos también de vivir conjuntamente; y en fin, se guardarán muy bien de la pobreza y de la guerra, no procreando más hijos de los que su fortuna les permita».

Quizá. Pero también cabe imaginar que la ciudad de Platón habría fomentado entre sus ciudadanos precisamente la clase de mezquindad que los cálculos exactos acostumbran a engendrar.

Durante el Renacimiento, época en la que los eruditos humanistas redescubrieron a Platón y sus ideas, encontramos en Italia un arquitecto igualmente deseoso de concebir su propia ciudad perfecta. Se llamaba Antonio di Pietro Averlino, aunque hoy es más conocido por su seudónimo griego Filarete («amante de la virtud»). A diferencia de Platón, Filarete era arquitecto, con un pasado turbio y bastante complicado: en una ocasión fue detenido y se le prohibió trabajar en Roma, acusado de haber robado supuestamente la cabeza de san Juan Bautista.

Filarete describió extensamente su ciudad ideal, Sforzinda (así bautizada como halago a su protector, el milanés Francesco Sforza), en su *Trattato di architettura*. Sus gruesos muros exteriores formarían una estrella de ocho puntas. Además de resultar atractiva, esa forma tan poco habitual tenía también un propósito defensivo: los invasores que pretendiesen escalar sus ángulos se verían expuestos por varios flancos. Como los radios de una rueda, ocho calles rectas conducirían desde los muros hasta el centro de la ciudad. Las carreteras estarían salpicadas de pequeñas plazoletas rodeadas por mercados y tiendas. El visitante que se adentrase en la ciudad pasaría junto a pirámides de manzanas, pilas de panes y prendas multicolores expuestas sobre las mesas. Con ojos expectantes, los mercaderes gritarían a su paso: «*Signore, signore!*». Llegado por fin al centro de la ciudad, encontraría tres enormes plazas interconectadas. Los ruidos del mercado se desvanecerían ante el imponente palacio ducal que encontraría a su izquierda y la inmensa catedral a la derecha. Entre uno y otra, en la plaza principal, se erguiría otro edificio majestuoso, de diez plantas de altura.

¿Qué edificio era ese al que conducían todas las calles de la ciudad? Filarete lo llamó la «Casa del vicio y la virtud». Cada planta albergaba un tipo de actividad diferente. El burdel de la planta baja atendería a la mayoría de los visitantes del edificio, que en los pisos inmediatamente superiores podrían encontrar bebidas alcohólicas y juegos de azar. Más arriba, una universidad y salas de conferencias ofrecerían instrucción a sus pocos visitantes. En lo más alto habría un observatorio.

Filarete dedicó el mismo grado de atención a imaginar los hogares a los que los ciudadanos regresarían tras su jornada de trabajo o de juego. Estaban planificados en función del rango social de su ocupante: el barrio de los artesanos, por ejemplo, ocupaba mucho menos terreno que el de los mercaderes o gentileshombres de la ciudad. Por supuesto, la residencia del arquitecto sería dos veces más espaciosa que la de sus vecinos pintores.

Los planes de Filarete son extensos, y están escritos con letra enrevesada. Los veinticinco volúmenes de su tratado contienen una ciudad entera en espera. Pero poco después de verlo finalmente completado, en 1466, el duque Sforza falleció y la visión de Filarete ha sobrevivido solo sobre el papel.

Los límites ideales de Platón y los volúmenes de Filarete inspiraron a otros soñadores. Fueron pasando de mente en mente, siglo tras siglo. No debería sorprendernos que acabara por inspirar los más suntuosos y ambiciosos planes urbanos que ha habido nunca: los concebidos en Estados Unidos.

King Camp Gillette, el «inventor» de la maquinilla de afeitar, soñó un día una ciudad inmensa a la que llamó Metrópolis. En 1894 publicó un librito ilustrado con el que quiso darla a conocer. La ciudad, escribió Gillette, estaría situada «en las proximidades de las cataratas del Niágara, y se extendería al este hacia el estado de Nueva York y al oeste hacia Ontario». Tendría forma rectangular y mediría cien kilómetros de largo por cincuenta de ancho. Gillette proyectó su construcción «como la de una máquina, o más concretamente, como la parte de una máquina dedicada a la producción y distribución; y como tal, sería preciso conocer y comprender los objetos que se obtendrían. La máquina no puede tener partes innecesarias que causen fricción o requieran un trabajo superfluo, pero al mismo tiempo debe contar con todas las partes necesarias para facilitar la felicidad y comodidad de todos».

Sus sesenta millones de habitantes se alojarían en rascacielos circulares de ciento ochenta metros de diámetro, «de una magnificencia como nunca civilización alguna ha conocido». La distribución en colmena de los apartamentos por la ciudad dejaría espacio suficiente entre los edificios para la creación de amplias avenidas y parques. Todos los ciudadanos vivirían a la misma distancia de una escuela, una tienda o un teatro.

Los ascensores, un invento reciente en la vida de Gillette, habían ido cambiando paulatinamente el diseño de las ciudades de un plano horizontal a otro más vertical. Pero Metrópolis llevaba la idea de la ciudad vertical hasta niveles insospechados. Los rascacielos serían verdaderamente colosales y alcanzarían las veinticinco plantas de altura: monolitos habitables en gran cantidad, refulgentes de vidrio y progreso, elegantes, de color acero, una monumental monotonía.

El orden imperturbable de la ciudad tenía su reflejo a pequeña escala en los planes de Gillette para cada hogar. Para él, igual que para Filarete, el hogar es una ciudad en miniatura. El interior de una vivienda sería completamente simétrico, con salones paralelos flanqueados por dormitorios y cuartos de baño a ambos lados. Y en cada habitación, las ventanas estarían dispuestas de tal manera que fuese imposible ver el apartamento del vecino.

Consciente de lo artificial de su visión (estaba previsto que incluso el césped que debía rodear cada edificio fuese de hierba artificial), Gillette propuso instalar miles de jardines públicos llenos de árboles y «tiestos de flores» por toda la ciudad. La regularidad absoluta del diseño, quiso recalcar, no debía ser sinónimo de repetición. Al asomarse a la ventana, el ciudadano vería ante sí «una fachada continua y perfecta desde cualquier punto de vista, en la que cada edificio y cada avenida está rodeada y bordeada por la belleza siempre cambiante de las flores y el follaje».

Gillette resumía así su utópica visión:

> Imaginemos por un momento los casi treinta mil edificios de Metrópolis, cada uno como una majestuosa obra de arte [...] en una ciudad interminable de belleza y pulcritud, y comparémoslos luego con la inmundicia, el crimen y la miseria de nuestras ciudades, con sus vías sucias y mal pavimentadas, abarrotadas por las masas trabajadoras y el sistema de tráfico necesario. Y a continuación comparemos el mecanismo de ambos sistemas y escojamos uno: creo que el único obstáculo que se opone a la construcción de esta gran ciudad es el ser humano.

Cincuenta años después de la publicación del libro de Gillette, la Exposición Universal de Nueva York presentó su propia «Ciudad del futuro». Estamos en 1939.

Millones de personas hicieron cola durante horas para contemplar la maqueta de la «Democraciudad» (esto es, en sí mismo, muy llamativo porque los neoyorquinos aborrecen las colas. Detestan la involuntaria proximidad a otras personas, el insufrible arrastrar de pies y el tedio de pasar tanto tiempo consigo mismos como única compañía. Y pese a todo, hicieron cola).

¿Cuánto tiempo debieron de tardar en construir aquella maqueta? Estaba dentro de una esfera de dieciocho plantas de alto. Una escalera mecánica, la más larga del mundo, elevaba a los visitantes quince metros por encima de la planta de la exposición. A su entrada, una música triunfal les asaltaba desde la megafonía, seguida por una voz estentórea. «La ciudad de los hombres en el mundo del mañana. En ella conviven la hierba y los árboles, con la piedra y el acero. No es una ciudad onírica, sino un símbolo de la vida del hombre del mañana. Así como un hombre ayuda a otro hombre, las naciones se apoyan las unas en las otras, unidas por un millar de rutas de comercio... La inteligencia y el esfuerzo, la fe y el valor se entrelazan aquí en pos de elevados objetivos».

Asomados a balcones giratorios, los visitantes podían contemplar la ciudad como si la vieran desde dos mil metros de altitud. Lo que veían era un inmenso anillo iluminado y pintado de vivos colores representando un terreno de 28.500 kilómetros cuadrados, en cuyo centro se alzaba un bloque solitario, un impresionante complejo de oficinas al que acudirían a trabajar a diario 250.000 personas (uno de cada seis ciudadanos).

Cinco suburbios satélite rodeaban este distrito central en círculos concéntricos. Incluso la más distante de las Pleasantvilles (así se llamaban las áreas residenciales) se hallaba a menos de cien kilómetros del eje urbano. El ruido y la polución de las Millvilles, sede de las fábricas de la ciudad, serían exiliados a las afueras. Entre los suburbios se intercalarían cinturones verdes y amplias autopistas comunicarían el centro con los distintos sectores.

La obsesión americana con la movilidad nunca se vio mejor atendida. Los semáforos desaparecerían. Las autopistas de la ciudad fluirían siempre libremente en línea recta, al haber sido concebidas de tal manera que evitaban todo paso de peatones y cualquier posibilidad de atasco. El resto de las vías se construirían a una distancia segura de cualquier colegio.

Dos minutos después de iniciarse la representación, las luces se atenuaban de improviso, y en el techo abovedado brillaban las estrellas. Entonces un coro empezaba a cantar, mientras una película mostraba a personas en marcha: artesanos, campesinos, mecánicos, todos los que iban a colaborar en la construcción del futuro. Las voces subían el volumen, las figuras de la pantalla se hacían más numerosas, los visitantes contenían el aliento.

Y de repente, con la misma inmediatez, la música enmudecía y los hombres de la película desaparecían tras espesas nubes de humo. Fin del espectáculo.

¿Estamos solos?

Demócrito, contemporáneo de Platón y Aristóteles, imaginó que toda la materia estaba compuesta de elementos indivisibles a los que llamó «átomos», y fue también el primero que propuso un cosmos de muchos mundos, todos ellos diferentes. Algunos no tenían ni sol ni luna, mientras que en otros las lunas eran de mayor o menor tamaño, o había un número mayor de ellas que en nuestro mundo

Los pitagóricos creían también que nuestro mundo no tenía nada de único. Para ellos, la Luna era como la Tierra y estaba igualmente habitada por seres de mayor tamaño y plantas más hermosas. En su opinión, los selenitas tenían cincuenta veces nuestro tamaño y se alimentaban de aire, motivo por el cual no generaban excrementos.

Las refutaciones de esta idea a cargo de Platón (decir que el número de mundos es indefinido exige un conocimiento definido) y Aristóteles no impidieron que pensadores posteriores siguiesen postulándola.

Puesto que el espacio avanza vacío e infinito en todas direcciones, y puesto que átomos innumerables flotan por doquier hasta sus más lejanos confines [...] es de todo punto irreal imaginar que el nuestro es el único mundo y el único firmamento, y que tantos y tantos átomos ajenos a nuestro mundo estén ociosos [...] hay otros mundos en otras regiones del universo, y razas diferentes de humanos y de especies animales.

El texto está sacado del poema épico *De la naturaleza de las cosas*, obra del poeta romano Lucrecio y escrito en el siglo I antes de Cristo. Las ideas del poeta consternarían más adelante a los padres de la Iglesia. Si existen otros mundos, escribió san Agustín, cada uno precisará un Salvador propio, lo que contradice el carácter único de Cristo.

Llegados a la era medieval, sin embargo, no todo el mundo en la Iglesia compartía la opinión de san Agustín. En 1277, el obispo de París condenó la sugerencia de que Dios no podía crear más que un mundo. Tres siglos más tarde, el fraile Giordano Bruno presentó una elaborada argumentación a favor de la existencia de un número infinito de mundos: si el hombre puede imaginar tantos mundos, Dios también puede, y Él crea lo que piensa. El fraile imaginó un número infinito de jardines del Edén: en la mitad de ellos, Adán y Eva probaron el fruto del árbol prohibido, y en la otra mitad no. Un número infinito de mundos caerán en desgracia y precisarán de un número infinito de Salvadores que los rediman. A diferencia de san Agustín, Giordano Bruno no tuvo problema en imaginar un número infinito de Cristos. Por este, y por otros «errores teológicos», las autoridades lo denunciaron por hereje y lo condenaron a la hoguera.

La ominosa sombra de la Inquisición disuadió a Galileo Galilei (contemporáneo de Bruno) de ver signos de vida extraterrestre sobre el irregular paisaje lunar que le revelaba su telescopio. Pese a ello, y puesto que los valles y montañas que se adivinaban sobre la superficie lunar parecían cuando menos comparables a los terrestres, ¿no sería posible que también la Luna estuviera habitada? Su amigo Johannes Kepler, matemático y astrónomo del siglo XVII, así lo creía. Y también Júpiter, «con el mayor grado de probabilidad», aunque sus moradores sin duda serían inferiores a los humanos.

Probabilidad: la palabra se convirtió en indispensable en el debate en torno a la vida en otros planetas. «En cuanto a la existencia de pensamiento más allá de los confines de nuestro minúsculo globo», escribió el astrónomo estadounidense Percival Lowell en 1895, «la modestia, respaldada por una probabilidad que poco dista de ser certeza, nos impide pensar que seamos los únicos pensadores de este gran universo».

Su bimilenaria argumentación aludía a las observaciones científicas más recientes: las condiciones observadas en Marte apuntaban a un entorno acogedor. El planeta tenía una atmósfera, y la climatología parecía bastante moderada (con un clima templado similar al del sur de Inglaterra). También disponía de agua, esencial para la vida.

«Todo aquel que dirigiese su telescopio hacia el planeta a comienzos del verano pasado, se habría sorprendido al ver las marcas que diversificaban su superficie en tres colores, blanco, verdeazulado y ocre rojizo, con el blanco formando un gran óvalo sobre el disco. Ese óvalo blanco era el casquete polar del sur».

¿Y lo verdeazulado? El color del agua. O de lo que quedaba del agua de Marte, ya que «los indicios apuntan a que las reservas de agua son ahora extremadamente bajas». Según él, los habitantes del planeta habían consagrado todas sus energías a la irrigación. Al escudriñar la superficie marciana había descubierto «una red de finas líneas oscuras y rectas»: canales. «Todo esto», reconocía el astrónomo, «por supuesto, puede que [...] nada signifique; pero la probabilidad apunta en sentido contrario [...]. Marte parece estar poblado y no es la última, sino la primera palabra al respecto».

Muchos se hicieron eco de las palabras de Lowell: como

bien sabía, «probabilidad» era la palabra mágica, el «ábrete sésamo» con el que acceder a oídos y mentes. Pero su magia no funcionó con todo el mundo. Entre sus más feroces detractores se contaba Alfred Russel Wallace, el biólogo que independientemente de Darwin había descubierto el principio de selección natural. Efectivamente, Marte parecía tener casquetes polares, días que eran solo media hora más largos que los nuestros y prolongadas estaciones que se fundían las unas en las otras. Pero según los cálculos de Wallace, el planeta era demasiado frío para tener ríos, mares o canales. Las líneas observadas por Lowell eran accidentes naturales, producto de procesos geológicos normales. «Marte, por tanto, no solo resulta inhabitable para seres inteligentes [...] sino que es de todo punto inhabitable».

No solo era Marte un planeta inerte, sino que lo más probable es que ningún otro planeta estuviese habitado. Esa era, a comienzos del siglo XX, la descarnada opinión de Wallace. La excepcional (y excepcionalmente compleja) combinación y secuencia de factores físicos, químicos, cosmológicos que hicieron posible el origen de la vida sobre la Tierra hacía que las probabilidades de encontrar otros seres en otro lugar del universo fueran inconmensurablemente remotas. La aparición de vida inteligente, simplemente, es algo que se da una sola vez en cada universo.

¿Cómo? ¿Estamos solos? Mucha gente era incapaz de creerlo. Una cosa es estar solos en una habitación o en una casa. ¡Pero ser el único habitante de un pueblo, de una ciudad, de un país! Los únicos habitantes del universo. Preferían coincidir con el griego Metrodoro, a quien le parecía absurdo pensar que en un campo tan vasto solo germine un grano. Más aún: a aquella gente, la sensación de soledad absoluta le resultaba insoportablemente opresiva. Se sentían como extraños en un vacío inerte.

Pasaron las décadas, y los únicos extraterrestres conocidos eran los de las películas y las historietas de ciencia ficción. De niño, el astrónomo estadounidense Frank Drake, pionero en la comunicación extraterrestre, relacionaba esas imágenes con lo que le contaba su padre. Mira esa estrella, le decía, y esa, y esa otra. Mira cuántas estrellas, incontables, radiantes en el firmamento. En algún lugar del espacio, en torno a algunas de esas estrellas, orbitan otros mundos como el nuestro. El niño escuchaba cuanto decía su padre y lo creía. Lo creía de todo corazón.

Frank Drake, hijo de ingeniero, se sentía a gusto entre números grandes. Se había criado en Chicago, una ciudad en la que vivía tanta gente que podía dar empleo a más de cien afinadores de pianos. A menudo le daba por pensar en los muchos, muchísimos mundos que existían allá en lo alto. Le interesaba saber cómo serían sus ciudades y sus coches, y si sabrían lo que era la guerra o el cáncer.

Tras graduarse en radioastronomía en Harvard, Drake puso en marcha la primera búsqueda de comunicaciones interestelares. El 8 de abril de 1960 dirigió sus aparatos hacia dos estrellas muy similares a nuestro sol, a doce años luz de la Tierra. Durante los dos meses siguientes, él y sus compañeros escucharon diligentemente a la espera de una señal, pero no oyeron nada. Nada de nada.

Pero estaban los números. Drake creía que tenía los números de su lado. Las estrellas de nuestra galaxia suman al menos cien mil millones. ¡Cien mil millones! ¿Y cuántas de esas estrellas serían soles con planetas en órbita? No había cifras en las que basar el cálculo. Vaciló entonces en su imaginación. Cerró los ojos y lanzó un pronóstico: una de cada dos. La mitad de las estrellas de la Vía Láctea tendría planetas en órbita alrededor de ella, lo que equivale a hablar de cincuenta mil millones de sistemas solares.

No todos los sistemas solares habrán dado pie a la vida, sin embargo. La vida necesita un tipo concreto de sistema solar (un sol que no sea ni demasiado frío ni demasiado apagado, ni tan inmenso como para consumirse antes de que la vida aparezca) capaz de acoger planetas hasta cierto punto comparables a la Tierra. Drake pensaba en el único sistema solar con el que estamos familiarizados en sus (por entonces) nueve planetas, y en el único entre ellos que había dado pie a la vida. Esa cifra, uno solo, le preocupaba, porque daba a entender que éramos algo único. Pero no, tenía que haber sistemas solares con múltiples mundos. Algún sistema albergará un mundo, y luego otro, y quizá otro también. ¿Por qué no? No hay más que fijarse en Marte, al que poco le había faltado para ser una segunda Tierra. Y así optó por predecir que dos (una cifra mayor que uno) sería el número de Tierras posibles en cada sistema solar.

Hasta ahí, todo bien. Pero para sus siguientes estimaciones Drake tuvo que recurrir a toda su capacidad de invención. En primer lugar tuvo que calcular aproximadamente el número de planetas en los que había asomado la vida. Su razonamiento fue el siguiente: cuatro mil quinientos millones de años atrás, no mucho después de la formación de la Tierra, el planeta era un montón de roca frío y yermo. Pese a un inicio tan poco prometedor, tras unos pocos centenares de millones de años aparecieron las primeras células vivientes. ¿Qué son unos pocos centenares de millones de años en un universo de diez o veinte mil millones de años? Es como si, a poco que se le dé la oportunidad, la vida estuviese dispuesta a ponerse en marcha. Su conclusión fue que la vida había progresado con bastante facilidad en la Tierra, y que por consiguiente debería poder progresar con la misma facilidad en todos los otros mundos posibles.

A continuación, Drake se planteó la cuestión de la inteligencia: de entre los cien mil millones de planetas similares a la Tierra, ¿en cuántos habrían dado lugar las células vivientes a formas inteligentes? Tomó como ejemplo la biodiversidad terrestre. Con el paso de las eras, miles de millones de especies animales habían reptado y zumbado y trotado y nadado sobre el planeta. Pero solo una había reflexionado sobre sí misma y había soñado con la vida en otros mundos. Además, el *Homo sapiens* había llegado muy tarde a un planeta que se las había arreglado sin su cerebro durante miles de millones de años. Drake coligió de ahí que la mente interrogante no es, ni mucho menos, universal. Finalmente se decidió por una proporción de un planeta cada cien, lo que le dejaba mil millones de civilizaciones potenciales entre las estrellas.

¿Cuántas de estas civilizaciones habían desarrollado la tecnología (y la voluntad, claro) de comunicarse con otras? ¿Y de manera que pudiésemos comprenderlas? Drake se dedicaba a la radioastronomía. Sabía que las transmisiones terrestres se habían adentrado en el espacio. Lejos, muy lejos de nosotros, a veinte o treinta años luz, quizá hubiese manos y oídos con las habilidades necesarias para escucharlas, y quizá sintonizasen los mismos episodios de *Flash Gordon* y el *Llanero Solitario* que él había escuchado de niño. Sin duda, además, algunos de esos planetas retransmitirían también señales propias: pongamos que en total unos cien mil.

Esos planetas deberían estar exudando música, noticiarios, mensajes cifrados... siempre, claro está, que existiesen todavía y que su propia tecnología no los hubiese hecho saltar por los aires. La civilización, después de todo, es un asunto complicado. Y no exento de riesgo. La civilización humana se remonta a tan solo diez mil años atrás, y actualmente Washington tiene ya armas nucleares apuntando a Moscú (y viceversa). Drake sabía perfectamente que la destrucción mutua, o su sola amenaza, no era un espejismo. Pero tampoco tenía que ser inevitable avanzar en esa dirección. Consciente siempre de la situación, fijó unas expectativas más bien bajas: de las posibles cien mil civilizaciones capaces de comunicarse con el exterior, supuso que en nuestra galaxia sobrevivirían quizá unas diez. De igual modo, las señales centenarias y milenarias de miles de sus predecesores flotarían también por el espacio, listas para ser captadas por una antena a la espera.

Drake expresó su razonamiento con una imponente ecuación:

$$N = N^* \times f^p \times n^e \times f^l \times f^i \times f^c \times fL$$

donde N es el número de civilizaciones en nuestra galaxia capaces de comunicarse.

N^* es el número de estrellas en la Vía Láctea.

f^p es la fracción de estrellas con planetas en órbita a su alrededor.

n^e es el número de planetas por estrella ecológicamente capaces de albergar vida.

f^l es la fracción de esos planetas en los que evoluciona la vida.

f^i es la fracción de esos planetas vivos en los que evoluciona vida inteligente.

f^c es la fracción de estos planetas que se comunican con los otros.

fL es la fracción de vida de un planeta en la que sobrevive la civilización.

A la pregunta de un periodista: «¿Existen otras civilizaciones inteligentes?», Drake respondió: «Con casi total seguridad, sí». Una convicción idéntica a la que había oído expresar a su padre, y probablemente heredada de él.

¡Qué no daría el astrónomo por encontrar otro mundo! (Sus

colegas rusos le recordaron que «mundo», en su idioma, es homónimo de «paz»). Cada día acudía al observatorio y se ponía manos a la obra. Pertrechado con sus gruesas gafas seguía el avance de la gráfica, observando el garabateo de la aguja mientras ilustraba los contornos de ruidos aleatorios. De vez en cuando, cuando la impaciencia le podía, se colocaba unos auriculares y escuchaba él mismo la recepción. Permanecía entonces inmóvil, con el corazón en un puño, y escuchaba. ¿Qué esperaba oír? Un zumbido, un pitido, un susurro electrónico. Observaba, escuchaba y esperaba, y las horas iban pasando. Pero la sorpresa no llegó nunca. Nunca pasó nada, excepto las horas, los meses, los años.

Con el tiempo, la tecnología fue mejorando y ganó en sofisticación. Un número cada vez mayor de ayudantes aportó sus oídos y su paciencia al proyecto. La «probabilidad» estaba en boca de todos. Las matemáticas juegan a nuestro favor, les repetían a periodistas y amigos; y a sí mismos también. Es solo cuestión de tiempo.

Pero nunca oyeron más que un silencio incómodo.

Los radiotelescopios crecieron, y con ellos las dudas. Habría que ser sobrehumano para no dudar. Excepto quizá en el caso de Drake, que tanto había invertido en aquella esperanza suya.

El problema que planteaba el silencio, sin embargo, era muy llamativo. Si a lo largo de millones (incluso miles de millones) de años han existido miles de civilizaciones capaces de comunicarse, ¿cómo es que ninguna ha colonizado su entorno, incluida la Tierra? Una civilización mucho más antigua que la nuestra, una de entre las miles pronosticadas por la ecuación de Drake, necesitaría solo unos pocos millones de años (apenas un instante en términos cósmicos) para haber conquistado la Vía Láctea, o por lo menos para habernos inundado de señales de su existencia.

La respuesta de Drake fue categórica: ¡Hay que mirar más tiempo! ¡Escuchar con más atención! Quizá las otras civilizaciones nos estaban sopesando antes de establecer contacto. O quizá se contentaban con colonizar solo sus propios sistemas solares. O quizá el coste de los viajes interestelares es demasiado alto. O quizá nunca habían inventado las emisiones por radio. Quizá, quizá, quizá.

¿Hay alguien ahí fuera? Coincidiendo con el quinto centenario de la llegada de Colón a América, Drake publicó un libro en el que planteaba esa pregunta. Creía que la respuesta estaba más cerca que nunca. Quería «preparar a los adultos inteligentes» ante la «inminente detección de señales de una civilización extraterrestre». ¿Qué tipo de civilización? Una de seres similares a los humanos, con la cabeza encima del cuerpo y bípedos. Pero en lugar de dos, tendrían cuatro brazos: «Cuatro es un diseño mucho mejor». Serían también inmortales, desconocerían la muerte. «Este descubrimiento (que cuento con presenciar como testigo antes del año 2000) cambiará profundamente el mundo».

Aquel mismo año, la NASA llevó a cabo en sus ordenadores cincuenta millones de pruebas por segundo con los datos obtenidos en el mayor y más sofisticado escaneado de los cielos. No encontraron nada.

Los biólogos, por su parte, se dedicaban a reevaluar las premisas de la ecuación. Drake y sus compañeros empleaban «un modo de pensar estrictamente determinista», escribió el biólogo Ernst Mayr, de Harvard. «Es un pensamiento a menudo perfectamente legítimo en el caso de fenómenos físicos, pero no resulta apropiado en acontecimientos evolutivos ni en procesos sociales como el origen de las civilizaciones». Otro biólogo, Leonard Ornstein, señaló que «incluso si aceptamos que el universo puede estar repleto de planetas con florecientes "protometabolismos" e incluso "protocélulas", eso no significa necesariamente que los eventos contingentes que contribuyeron al siguiente paso en el origen de la vida se hayan reproducido ni siquiera en uno de estos hipotéticos mundos».

Ornstein propuso una analogía: imaginemos que metemos una sola vez la mano en una bolsa de canicas y sacamos una sola de ellas. La canica es verdeazulada. ¿Conclusión? Podríamos perfectamente suponer que la bolsa contiene solo otra canica verdeazulada tan única, o ninguna, del mismo modo que podríamos imaginar que todas, o muchas, de las canicas que están todavía en la bolsa tienen un color parecido.

Lo único que podemos saber con certeza es que la probabilidad de que exista vida inteligente en nuestro universo es superior a cero (puesto que, de ser cero, yo no estaría escribiendo esta frase y ustedes no estarían leyéndola). Lo demás es especulación. Desde el Big Bang ha habido miles de millones de civilizaciones. Ha habido millones de civilizaciones. Ha habido miles de civilizaciones. Ha habido centenares de civilizaciones. O decenas. O una sola.

¿Por qué no? La probabilidad a menudo se expresa mediante números grandes pero finitos: «una entre mil», «una entre un millón». Pero quizá la probabilidad de que aparezca vida (vida inteligente) en algún otro lugar de nuestro universo es infinitesimal. De ser así, un universo necesitaría un número infinito de planetas para producir incluso un número finito de civilizaciones (una, por ejemplo).

Una conclusión así debería motivarnos al menos tanto como la de Drake, especialmente en una época como la nuestra, en la que tan altas son las apuestas en la diplomacia internacional; una época de bombas atómicas y cambio climático. El astrónomo Michael Papagiannis lo resumía así: «Saber que somos los únicos quizá nos ayude a entender que somos demasiado valiosos para destruirnos».

El calendario de Omar Khayyam

Para los beduinos que vivieron en la era premahometana, el tiempo no existía. O mejor dicho, pensaban en el tiempo como en una niebla que todo lo rodea y debilita, sin forma ni rasgos definidos. Solo las estrellas del firmamento conseguían penetrar en esa permanente tristeza y ayudaban a los nómadas a predecir la lluvia y decidir cuándo sacar a pastar a sus rebaños. Para dar sentido a sus vidas, los hombres cantaban canciones en las que se hablaba de terremotos y batallas muy lejanas. Era la única historia que conocían.

Según cuenta la tradición, el nacimiento del profeta coincidió con una de esas batallas: el «incidente del elefante» (acontecido en la segunda mitad del siglo VI de la era cristiana), durante el que La Meca sufrió el asedio de las fuerzas de un rey extranjero, capitaneadas por un elefante blanco. De acuerdo con la historia incorporada posteriormente al Corán, Dios envió una nube de pájaros que lanzaron piedras sobre los atacantes hasta que estos se dieron a la fuga.

La revelación mahometana de una nueva religión llegó acompañada de la revelación del tiempo. Desaparecía así la idea de que la vida se componía de un flujo de momentos vagos, inconexos y casuales. Cinco plegarias obligatorias (*fajr* al amanecer; *dhuhr* cuando el sol está en lo más alto; *asr* por la tarde;

maghrib con la puesta de sol; *isha* en el crepúsculo) regulaban cada día. Nuestros días están numerados, dijo el profeta. Uno sigue a otro en una sucesión razonada.

«Dios envuelve la noche en torno al día, y envuelve el día en torno a la noche».

Con siete se forma una semana (empezando a contar desde lo que llamamos sábado), el periodo de tiempo en el que se dice que Dios creó paso a paso el mundo: la tierra el primer día, las colinas el segundo, los árboles el tercero, todo cuanto hay de desagradable el cuarto, la luz el quinto, las bestias del campo el sexto, y a Adán, que fue el último en la creación, hacia la hora del *asr* del séptimo.

Mirad a los cielos, instaba Mahoma a sus seguidores. Cada mes, les decía, empieza cuando la luna se muestra «como una vieja y marchita hoja de palma». Las propiedades divinamente otorgadas separaban los meses y los distinguían entre sí. Durante cuatro de esos meses estaba prohibido desenvainar un sable. Durante otros, los creyentes podían partir en peregrinaje. El mes llamado ramadán, quedaba reservado para ayunar durante las horas de luz. Doce meses lunares componían un año.

Mahoma tenía ya unos cincuenta años y llevaba aproximadamente una década predicando cuando los dirigentes de La Meca le expulsaron a él y a su pequeño grupo de seguidores de la ciudad. A lomos de sus camellos se dirigieron hacia el norte, hacia la ciudad-oasis de Yathrib, en la que encontraron refugio. La huida, conocida como hégira, pasó a ser la fecha fundacional del calendario islámico, a partir de la cual podría establecerse con precisión cualquier periodo de tiempo.

Durante la época medieval aparecieron en todo el mundo islámico relojes exquisitamente refinados. Los más impresionantes estaban llenos no de arena, sino de agua. La crónica que un viajero chino realizó de su visita a Antioquía tres siglos después de Mahoma, habla de una clepsidra en la residencia real con doce bolas doradas suspendidas, que correspondían a las doce horas del día. A cada hora, una de las bolas caía y al salpicar marcaba las dos en punto, las tres, las cuatro «y su sonido anuncia las divisiones del día sin el más mínimo error». Otro reloj de agua, descrito por Al Jazarí en su *Libro del conocimiento de los mecanismos ingeniosos* de 1206, tenía la altura de dos hombres y autómatas que tocaban el tambor, la trompeta y los címbalos por turnos, en función del momento del día.

Al utilizar el agua, una sustancia preciosa en una península mayoritariamente desértica, los relojeros demostraban el respeto que le tenían al tiempo. Y es cierto que el profeta había llamado a los creyentes a prestar atención a la medición del tiempo. Las mezquitas se valían de *muwaqqits* (astrónomos medidores del tiempo) para calcular las horas oficiales de cada plegaria. Varias generaciones de estudiosos debatieron hasta la saciedad la edad del mundo. El historiador Al Tabarí, por ejemplo, calculó que el mundo duraría un total de siete mil años, de los que su generación solo tenía doscientos por delante. Basó su cálculo en una frase del profeta, en la que Mahoma compara el tiempo que resta hasta el Juicio Final con el periodo del día que va desde el *asr* (la tarde) hasta la puesta de sol (aproximadamente una catorceava parte del día).

Al Birtuní, cuasi contemporáneo de Al Tabarí, compiló su *Cronología de las naciones antiguas* entre los siglos IV y V después de la hégira (el siglo XI, según nuestro sistema). En él compara los calendarios de las otras grandes civilizaciones. Los griegos, sirios y egipcios, resalta, empleaban un calendario de 365 días y un cuarto, y cada cuatro años sumaban esos cuartos para formar un día extra.

«Los egipcios seguían ese mismo sistema, pero con la diferencia de que dejaban de lado los cuartos de día hasta que estos sumaban el número de días de un año completo, lo que sucedía cada 1.460 años; entonces contaban un año adicional».

Los persas, sigue contando Al Biruní, también hacían caso omiso de los cuartos de día, pero por un periodo de ciento veinte años, pasados los cuales sumaban un mes complementario.

Quiso el destino (si bien los musulmanes no creen que tal cosa exista: cada instante es creación consciente de Alá) que Al Biruní naciese el mismo año que nacía en Persia el hijo de un fabricante de tiendas. En farsi, esta profesión recibe el nombre de *khayyam*; el fabricante de tiendas llamó a su hijo Omar.

Es probable que de niño estudiase el Corán. Seguramente recitó en voz alta sus versos, puesto que la tradición afirma que las Escrituras son similares a un cántico, y que por ese motivo el arcángel Gabriel optó por hablar de viva voz al analfabeto Mahoma. Puede que el niño recitase versos como: «Ciertamente, en la creación de los cielos y de la tierra, en la sucesión de la noche y el día [...] hay mensajes claros para los hombres que usan su razón».

Por sus manos debieron de pasar también muchos libros, de temáticas muy diferentes: libros sobre geometría y el movimiento de las estrellas, libros sobre aritmética y música. Llegó a aprenderse la mayoría de las páginas de memoria. Es probable también que leyera u oyera hablar del compendio de calendarios de Al Biruní y sonriera al escuchar la apocalíptica predicción de Al Tabarí. Sus muchos años de reclusión y estudio, ajeno a la compañía de otras personas, le valieron una reputación de erudito y «huraño».

Se cuenta que un estudiante visitaba a Khayyam a diario para recibir sus enseñanzas y luego hablaba mal de él ante el resto de la ciudad. Al saberlo, Khayyam invitó en secreto a los músicos de la ciudad a que se presentasen en su casa al amanecer del día siguiente. Cuando el desprevenido estudiante llegó como de costumbre para su lección, Khayyam mandó a los músicos que batieran sus tambores y soplaran sus trompetas; el escándalo despertó a los habitantes de todos los barrios. «Gentes de Nishapur», dijo Khayyam, dirigiéndose a la multitud, «este hombre viene cada día a esta hora a mi casa y estudia conmigo, pero con vosotros habla de mí en la forma que ya conocéis. Si verdaderamente soy como dice, ¿por qué viene a estudiar conmigo? Y de no ser así, ¿por qué injuria a su maestro?».

El tiempo que no dedicaba a leer libros lo pasaba escribiéndolos. Pese a su talento poético, en su día fue conocido sobre todo como matemático de excepción. «Euclides y Arquímedes, por supuesto, habían concebido ya la idea de emplear construcciones geométricas para determinados tipos de problemas algebraicos», escribe el matemático Ramesh Gangolli, «pero antes del concepto de Omar Khayyam se creía que [...] solo las ecuaciones simples eran apropiadas para el método geométrico [...]. Khayyam abrió la puerta al estudio de una cuestión más general: ¿qué tipo de problemas algebraicos pueden representarse y solucionarse correctamente de este modo?».

El joven persa debió de ser muy receptivo a la inspiración. Cuando el sol brillaba a través de las celosías de su estudio, la luz dibujaba formas geométricas sobre las paredes. Con su pluma, Khayyam iba trazando *rubai* (poemas) de derecha a izquierda, cuatro versos cortos rimados, concisos como teoremas. Hay quien dice que solo compuso sesenta de estos poemas; otros, que fueron seiscientos. También escribió unos comentarios a los *Elementos* de Euclides que según Gangolli explican «con mayor detalle muchos aspectos que se habían dejado implícitos, y clarifican muchas falsas concepciones sobre la estructura de los sistemas axiomáticos».

Un talento tan polivalente como el suyo es excepcional en cualquier época. Muy posiblemente despertó envidias, comentarios maliciosos y más de una mirada desdeñosa entre alguno de sus compatriotas. En uno de sus tratados sobre problemas algebraicos, Khayyam se queja de las tribulaciones en la vida de un matemático.

No me ha sido posible dedicarme por completo al aprendizaje del álgebra, ni concentrarme por completo en ella, a causa de obstáculos [...] que me lo han impedido; porque nos hemos visto privados de todas las personas instruidas, excepto de un grupo reducido de ellos, que pasa por problemas, y cuya mayor preocupación en la vida es aprovechar la oportunidad que se presenta cuando duerme el tiempo para consagrarse a la investigación y perfeccionamiento de una ciencia; pues la mayoría de la gente que imita a los filósofos confunde lo cierto con lo falso, y no hacen sino engañar y fingir conocimientos, y no usan lo que saben de las ciencias excepto con fines bajos y materiales.

En el año 452 (1074 según el calendario juliano), el sultán Jalal Al Din invitó a Omar a la capital. Le habían precedido sus largos textos en farsi, llenos de cifras y ecuaciones. Incluso entonces, en el apogeo de la edad dorada de las matemáticas en el islam, el genio de Khayyam brillaba con luz propia. Debió de seguir entre aprensivo e ilusionado a su guía mientras atravesaban las salas de palacio con turquesas incrustadas. Los mosaicos recubrían todo el suelo; los espejos de las paredes reflejaban todos y cada uno de sus rasgos, incluso los pequeños pliegues alrededor de los ojos.

El sultán con el que se encontró Khayyam apenas parecía tal: era muy joven, no había cumplido aún los veinte años. Estaba ansioso por causar buena impresión. Por la crónica del visir del sultán sabemos que el príncipe no escatimó alabanzas hacia su ilustre huésped, al que ofreció una pensión anual de 1.200 *mithkals* de oro. A cambio, Khayyam debía aceptar un importantísimo encargo: tendría que crear, si Alá lo permitía, un nuevo calendario civil en nombre del joven sultán.

Durante mucho tiempo, en Persia (un territorio geográficamente inmenso y de enorme complejidad política) convivieron dos maneras de medir el tiempo: mientras los imanes empleaban el calendario de la hégira, los burócratas contaban sus días siguiendo el sol. El antiguo calendario civil estaba compuesto por doce meses de treinta días cada uno, excepto el octavo, que sumaba treinta y cinco días. El total de 365 días (once más que en un año lunar) permitía relacionar las fechas administrativas de manera mucho más estrecha con las estaciones, algo esencial cuando los ingresos fiscales de la nación dependían en buena parte de las cosechas del otoño. Pero ni siquiera esos once días adicionales les permitían seguir con precisión el ritmo de las estaciones; como ya había señalado Al Biruní, cada año acumulaba un retraso de un cuarto de día. Y ese es el problema que Khayyam se propuso resolver.

Día y noche, Omar reflexionó sobre la mejor manera de reformar el antiguo calendario civil. Nunca antes se había visto la astronomía tan ensalzada y financiada. Se construyó un gran observatorio, desde el que Khayyam y sus compañeros escudriñaban el cielo. Estudió el periplo del sol por las doce constelaciones y compuso detalladas tablas estadísticas. Con esos datos estableció un calendario basado en las estaciones, en el que el primer mes del año (que los persas llaman *nowruz*) coincide con el equinoccio de primavera (20 o 21 de marzo), el cuarto mes arranca con el solsticio de verano (21 de junio), el séptimo mes con el equinoccio de otoño (21 de septiembre) y el décimo con el solsticio de invierno (20 o 21 de diciembre).

Khayyam ideó una ingeniosa fórmula para solventar el desfase con los cuartos de día anuales. Su calendario incorporaba ocho días adicionales a lo largo de un periodo de treinta y tres años. Su cálculo ($365 + 8/33 = 365,2424$ días) cuadraba casi a la perfección con la duración real del año ($365,2423$ días) y resultaba más preciso que el del posterior calendario gregoriano: $365 + 1/4 - 1/100 + 1/400 = 365 + 97/400 = 365,2425$ días.

El sultán adoptó oficialmente la reforma de Khayyam el viernes 15 de mayo de 1079 (*farvardin* de 458, según el nuevo calendario). El primer Año Nuevo fue anunciado con tambores y salvas de cañón a lo largo y ancho del país.

Poco podemos decir de la vida posterior de Khayyam. La muerte prematura del sultán, diez años después de la adopción del calendario, puso fin a su generoso mecenazgo. Khayyam abandonó la corte y solo la peregrinación ritual a La Meca retrasó el regreso a su ciudad natal, donde siguió escribiendo poemas.

¡Ah!, pero mis cálculos, según dice la gente,
han hecho cuadrar el año con el ritmo de los hombres, ¿o no?
Quizá, pero solo por eliminar de él
mañanas por nacer y ayeres muertos.

Un día, ya octogenario, Khayyam se sintió cansado y se tumbó a descansar. La cabeza, envuelta en los pliegues de su turbante, se le hacía pesada, y la echó atrás para contemplar el cielo. La luz a su alrededor era cada vez más tenue y finalmente se apagó. Era aproximadamente el año 500 de la hégira, el punto en el que Al Tabarí había calculado que acabaría el mundo.

Contar de once en once

«Los médicos afirman que los pulgares son los dueños de la mano», escribe Michel de Montaigne, el aristócrata renacentista inventor del ensayo personal, en su opúsculo *De los pulgares*. Los gobernantes de la antigua Roma, continúa explicando, los consideraban tan importantes que los veteranos de guerra que habían perdido un pulgar quedaban automáticamente exentos de todo servicio militar posterior.

A lo largo de sus textos, el autor francés se maravillaba al ver hasta qué punto dependemos de nuestras manos. Hay gestos que, empleados en el momento adecuado, son más elocuentes que cualquier palabra: un pulgar extendido hacia arriba o hacia abajo, un índice cruzado sobre los labios, las palmas tendidas hacia el cielo... En otro de sus ensayos, Montaigne describe el caso de un «natural de Nantes nacido sin brazos», carencia que había sabido cubrir tan bien con los pies que sabía «cortar cualquier cosa, cargar y descargar una pistola, enhebrar una aguja, coser, escribir, quitarse el sombrero, peinarse y jugar a las cartas y a los dados». También observó que las manos parecen a veces casi animadas, como cuando, estando él ensimismado, sus dedos empezaban a tamborilear ociosos sin que mediase esfuerzo consciente o instrucción alguna.

Montaigne se olvidó de incluir el acto de contar entre las

muchas tareas útiles que realizamos con las manos (sus biógrafos han dejado constancia de que la aritmética no era su fuerte). Por supuesto, hay mucho que decir sobre la idea de que nuestro sistema numérico decimal nace de la práctica de contar con los dedos. En la palabra «digital», de origen latino, coinciden los significados de «número» y «dedo». *Pempathai*, el término griego para las cuentas en tiempos de Homero, significa literalmente 'contar de cinco en cinco'.

Con los números en la punta de los dedos, la gente de todo el mundo cuenta hasta diez, y de diez en diez (veinte, treinta... cincuenta... cien...). Pero la forma de llegar hasta diez varía de una mano a otra mano y de una cultura a otra. Como muchos otros europeos, yo empiezo a contar «uno» con el pulgar de la mano izquierda y, después de cinco, sigo con los dedos de la derecha hasta llegar al otro pulgar. En Norteamérica, en cambio, lo habitual es empezar con el dedo índice de la mano izquierda y llegar a cinco con el pulgar de esa misma mano, y repetir luego la operación con la derecha para los números comprendidos entre seis y diez. En aquellos países en los que la gente lee de derecha a izquierda, como sucede en Oriente Medio, la cuenta comienza por lo general en el meñique de la mano derecha. En Asia emplean una sola mano: van plegando los dedos (¡el pulgar primero!) hasta llegar a cinco y los despliegan luego de meñique (seis) a pulgar (diez).

¿Cómo serían las cosas, me pregunto, para una persona a la que no le faltasen los dedos (como a los veteranos romanos de Montaigne), sino que le sobrasen? ¿Aprendería una persona así a contar como usted y como yo? ¿Cómo sería contar de once en once?

Según cuenta la tradición, Ana Bolena, la segunda esposa de Enrique VIII de Inglaterra, tenía un sexto dedo en una de sus manos, anomalía física que hoy conocemos como polidactilia. En la época de los Tudor, las mujeres de alta cuna eran educadas por tutores y aprendían a leer, escribir y hacer cálculos. Para Ana Bolena, sin embargo, contar con sus once dedos puede que entrañase algunas dificultades.

Para empezar, tuvo que encontrarse con que le faltaba una palabra con la que aludir a un número. Entre el noveno dedo y el último (que seguiría siendo el décimo: significando diez «1 conjunto entero y 0 resto»), el dedo adicional habría necesitado también un nombre. Puesto que parte de su infancia transcurrió en Francia, quizá se le ocurriera referirse a él como *dix* (diez en francés). En ese caso, Ana habría contado así: uno, dos, tres, cuatro, cinco, seis, siete, ocho, nueve, dix, diez. Aunque a nuestros oídos la melodía de estos números resulta algo extraña, para ella esta secuencia habría acabado resultando natural. Un año antes de cumplir los veinte años habría celebrado (al menos mentalmente) su «decimodixo» aniversario. De continuar la cuenta hasta cien, tendría que hacer sitio después de 99 para una serie de números suplementarios a partir de la dixentena, que llegaría hasta el dixenta y dix antes de llegar al número cien.

Contar de esta manera produce sumas algo estrambóticas. Al restarle siete a diez (recordemos que, dada la existencia de ese dix extra, «diez» equivaldría a once en nuestra forma de pensar), por ejemplo, Ana obtendría no tres, sino cuatro como resultado. La mitad de trece es siete. Seis al cuadrado (6 x 6) es treinta y tres (tres «decenas» de once cifras más tres unidades), un resultado precioso.

Las fracciones seguramente habrían resultado especialmente complicadas. A diferencia del diez, el once es un número primo, divisible solo por sí mismo y por uno. No existe un punto medio exacto entre uno y once, o entre el diez de Ana (equivalente a nuestro once) y su cien (11 x 11). ¿Qué significaría entonces la mitad de algo para alguien que tuviese once dedos? ¿Y qué decir de un quinto, o un cuarto, o dos tercios? Es posible que tales conceptos le resultasen tan etéreos e intangibles (aunque cabe imaginar que la memorización por repetición habría bastado para interiorizarlos) como enigmática nos parece a usted o a mí la fracción situada entre 1/9 y 1/10.

Aun así, siento curiosidad por la intuición con la que una chica con once dedos en las manos habría afrontado estas ideas. A partir de nuestras dos manos, idénticamente dotadas, entendemos de inmediato que las mitades son limpias y precisas, y que no dejan ningún resto. La mitad de ocho es cuatro, no tres ni cinco. Un triángulo rectángulo es la mitad exacta de un rectángulo. Los números primos, por definición, no pueden dividirse de esta manera. ¿Es posible que las manos de Ana (seis dedos en una mano y «solo» cinco en la otra) le hubieran dejado una concepción aproximada e imprecisa del concepto de «mitad»? Ante un comentario tan inocente como «Llegaré en media hora», se le ocurriría alguna vez preguntar con impaciencia: «¿Pero cuál de las dos medias, la grande o la pequeña?».

Durante su boda secreta con el rey de Inglaterra, Ana Bolena habría entendido bien qué mitad de la pareja representaba ella. Su triunfo, como es bien sabido, fue efímero. Al cabo de pocos meses, el arzobispo de Canterbury ya había declarado la nulidad del matrimonio. La Iglesia católica la acusó de adulterio.

La acusación de traición presentada contra ella tres años después de la boda no hace mención alguna de la brujería. Pese a ello, los enemigos de la reina afirmaban que extrañas verrugas y bultos afeaban su cuerpo, ese mismo cuerpo que solo había dado fetos malogrados en lugar de un heredero varón. Cuando el 19 de mayo de 1536 subió al cadalso ataviada con un vestido de damasco negro, lo hizo en su condición de adúltera conspiradora.

Por supuesto, cabe imaginar que la historia del undécimo dedo de Ana Bolena fuese una invención de sus enemigos. Uno de sus retratos más famosos, obra de un artista desconocido y expuesto hoy en el castillo de Hever de Kent (donde transcurrió la infancia de Ana), nos muestra a una atractiva joven con una rosa entre las manos, que asoman tímidamente bajo las mangas; los dedos (diez en total) parecen ligeramente deformes, lo que contrasta con su rostro terso y ovalado. Fuesen calumnia o secreto, los once dedos de Ana Bolena forman ya parte inseparable de su leyenda.

Recientemente leí un artículo fascinante en el periódico que me trajo a la memoria esta historia. En él se hablaba de Yoandri Hernández Garrido, un cubano de treinta y siete años que tiene doce dedos en las manos y otros doce en los pies. Al parecer, el médico personal de Fidel Castro había visitado en una ocasión al joven superdigitado y había afirmado que sus manos y pies eran los más hermosos que había visto nunca.

En Latinoamérica es habitual que los apodos guarden relación con la apariencia física, por lo que los compañeros de clase de Hernández Garrido no tardaron en llamarle «Veinticuatro». Aprendió a contar en la escuela igual que sus compañeros, pero un día su maestra de primaria le preguntó cuál era el resultado de sumar 5 + 5. Confuso, respondió: «Doce».

Hernández Garrido le cuenta al periodista que se gana la vida con sus manos. Los turistas estadounidenses acostumbran a entregarle sus dólares a cambio de poder fotografiarse con el cubano de doce dedos. En la república castrista, unos cuantos dólares dan para mucho. En el artículo, Hernández Garrido mostraba orgulloso las manos a la cámara. En su sonrisa se adivinaba la generosidad.

El artículo no hacía mención de la habilidad aritmética del Hernández Garrido adulto. Llevar la cuenta del tiempo, por poner solo un ejemplo, debe de resultar más sencillo con doce dedos, uno por cada hora del reloj. Para saber qué hora es nueve horas antes de las cuatro de la tarde, solo tiene que esconder cinco dedos (9 − 4) de la mano derecha para conocer la respuesta: las siete de la mañana. Y también tiene un dedo para cada mes del año, una mano por semestre.

Sabemos que en la Antigüedad, los romanos preferían efectuar determinados cálculos sobre una base de doce. En su *Ars poetica*, Horacio recoge una escena en la que varios niños aprenden las fracciones.

> Supongamos que el hijo de Albinus dice: si quitamos un doceavo a cinco doceavos, ¿qué nos queda? Puede ya hayáis respondido: un tercio. Enhorabuena. Sabréis gestionar vuestro dinero. Y ahora sumadle un doceavo: ¿qué tenemos? Una mitad.

Veda el Venerable enseñaba a sus hermanos monjes a cuantificar los diversos periodos de las historias bíblicas mediante las fracciones romanas. Una doceava parte, señalaba, recibe el nombre de *uncia* (de la que deriva la palabra «onza»), mientras que los once doceavos restantes (11/12) se conocen como *deunx*. Al dividir entre seis, la sexta parte (1/6) tenía por nombre *sextans*; el resto (5/6) era el *dextans*. *Quadrans* era el nombre en latín de una cuarta parte (1/4), y *dodrans* el de los otros tres cuartos.

¿Qué se obtiene de la suma de un *sextans* y un *dodrans* (1/6 + 3/4)? A Hernández Garrido, sus manos (o sus pies) le darían la respuesta con tanta celeridad como los alumnos de Horacio o los monjes de Veda: un sexto equivale a dos dedos y tres cuartos a nueve dedos, con lo que 1/6 + 3/4 = 11/12 (un *deunx*).

Me pregunto qué opinión tendrá Hernández Garrido de nuestras deficientes manos y de que todos contemos de diez en diez. ¿Nos tendrá lástima, como se la tenían los romanos a sus veteranos sin pulgares? Él dice que lo suyo es una bendición, y resulta evidente que no le gustaría ser de otra manera.

Hay quien piensa que todos deberíamos aprender a contar como Hernández Garrido. Una asociación fundada a mediados del siglo xx propugna la sustitución del sistema decimal por otro «duodecimal», ya que doce es un número más divisible que diez. Además de entre sí mismo y uno, el número doce puede ser dividido entre cuatro factores: dos, tres, cuatro y seis, mientras que diez solo puede dividirse entre dos factores: dos y cinco. En Inglaterra y Estados Unidos, esta asociación defiende todavía el retorno a las fracciones romanas (entre otras medidas), cuyo abandono consideran un gran error.

Igual que los esperantistas y los partidarios de la simplificación ortográfica que les precedieron, los miembros de la asociación sueñan con un mundo más racional compuesto de pares, tríos, cuartetos y sextetos, un mundo ajeno al desorden de las fracciones. Como todas las causas perdidas, la suya no deja de tener su encanto.

Una reina inglesa con once dedos, un ciudadano cubano con doce... Ambas son historias que despiertan todavía nuestra admiración, y al mismo tiempo una vaga sensación de que algo no es como debería ser.

Con su característica generosidad, Montaigne pone remedio a esta sensación. Un día, recuerda, encontró a una familia que exhibía a «un niño monstruoso» ante los extraños a cambio de algunas monedas. El niño tenía múltiples brazos y piernas, resto de lo que hoy llamaríamos un gemelo parásito. Montaigne cree que, en la imaginación infinita de su Creador, el niño es simplemente un individuo único en su especie, «desconocido para el hombre». Y concluye diciendo: «Llamamos contra natura aquello que atenta contra la costumbre; pero nada hay que le sea contrario, nada en absoluto. Que esta razón universal y natural, pues, expulse el error y el asombro que la novedad trae consigo».

El admirable número pi

Si creemos a la poetisa Wislawa Szymborska, soy uno de cada dos mil. La premio Nobel de 1996 ofrece esta estadística en su poema «A algunos les gusta la poesía» cuando cuantifica a esos «algunos». En realidad, creo que se pasa de pesimista: no creo que sea tan excepcional como lector. Pero sí entiendo a lo que se refiere. Hay mucha gente que cree que la poesía son todo nubes y florecitas, sin relación real con el mundo que nos rodea. Y tienen razón, pero al mismo tiempo se equivocan. Las nubes y las florecitas están presentes en la poesía, pero solo porque las tormentas y las flores existen también en el mundo real. Lo cierto es que un poema puede versar sobre cualquier cosa.

También sobre números. Algunos de los versos de Szymborska muestran que las matemáticas pueden ser proclives a la poesía. Una y otra disciplina economizan en significado: ambas son capaces de crear mundos enteros en unos breves renglones. En «Un número grande», la poetisa lamenta sentirse desconcertada ante números con muchos ceros, mientras que en «Contribución a la estadística» destaca que «de cada cien personas, las que siempre saben de qué hablan: cincuenta y dos», pero también que «merecedoras de empatía: noventa y nueve». Y luego está «El admirable número pi», mi poema preferido. Comienza así (el poema y el número): tres coma uno cuatro uno.

En una ocasión, siendo yo adolescente, le confesé a una compañera de clase la admiración que sentía por ese número. Ruxandra se llamaba. Igual que el de la poetisa, su nombre procedía del otro lado del Telón de Acero. Sus padres eran originarios de Bucarest. Yo no sabía nada de la Europa oriental, pero eso no importaba: a Ruxandra le gustaba. Le gustaba que fuese diferente del resto de los chicos. Nos pasábamos los recreos en la biblioteca del colegio, intercambiando ideas sobre el futuro y comparando los deberes. Afortunadamente para mí, la asignatura que mejor se le daba eran las matemáticas.

Curioso, le pregunté cuál era su número favorito. Tardó en responder, me dio la impresión de que no entendía la pregunta.

—Los números son números —dijo.

¿No sentía ninguna diferencia entre el 333, por ejemplo, y el 14?

Ninguna.

¿Y qué hay de pi?, insistí; ¿qué le parecía aquel número casi mágico que habíamos visto en clase? ¿No le parecía hermoso?

¿Hermoso? Torció la cara en una mueca, sin comprender. Ruxandra era hija de un ingeniero.

El ingeniero y el matemático tienen una percepción completamente distinta de pi. A ojos del ingeniero, pi no es más que un valor comprendido entre el tres y el cuatro, aunque algo más sofisticado que cualquiera de esos dos números enteros. A la hora de hacer sus cálculos, a menudo lo evita por completo y se vale de una aproximación más práctica, como 22/7 o 355/113. La precisión no exige de él más de tres o cuatro decimales (3,141 o 3,1416, redondeando). La existencia de otros dígitos pasado el tercer o cuarto decimal no le interesa; por lo que a él respecta, no existen.

Los matemáticos conocen el número pi de una forma distinta y más íntima. ¿Qué es pi para ellos? Es la longitud de la línea redonda que delimita un círculo (su circunferencia) dividida entre la línea recta que divide el círculo en dos mitades idénticas (su diámetro). Es la respuesta esencial a la pregunta: «¿Qué es un círculo?». La respuesta, sin embargo, cuando se expresa en dígitos es infinita: es un número sin dígito final, y consecuentemente sin penúltimo dígito, y sin antepenúltimo dígito, etcétera. No es posible anotar todos sus dígitos, ni siquiera en una hoja de papel tan grande como la Vía Láctea. Ninguna fracción expresa adecuadamente pi: cualquier cálculo imaginable produce solo círculos deficientes, patéticas elipses, endebles réplicas del concepto ideal. El círculo que describe pi es perfecto y existe exclusivamente en la imaginación.

Los matemáticos nos cuentan también que los dígitos de este número no siguen ningún patrón periódico o predecible: justo cuando creemos poder anticipar un seis en la secuencia, esta continua con un dos, o un cero, o un siete; tras una serie de nueves consecutivos, tanto puede continuar la racha con otro nueve (o con otros dos o tres) como pasar erráticamente a otro dígito distinto. Excede nuestra capacidad de comprensión.

Así enumerados, los círculos (los círculos perfectos) están compuestos por todas las secuencias posibles de dígitos. En algún punto de pi, quizá tras trillones y trillones de decimales, hay quinientos cincos consecutivos; en otro tramo de la cifra se alternan mil ceros con mil unos. En algún sector inimaginablemente remoto de este barrizal de cifras aparentemente aleatorio, si calculamos durante más tiempo del que nos separa del Big Bang, la secuencia 123456789 se repite 123.456.789 veces consecutivas. Quizá, si tuviéramos la posibilidad de adentrarnos en él lo suficientemente lejos, encontraríamos los primeros cien, mil, el primer millón, el primer billón de dígitos impecablemente repetidos, como si en cualquier instante la enormidad que hemos visto volviera a empezar de nuevo. Pero nunca sucede. Solo existe un número pi, irrepetible, indivisible.

Pi siguió acompañándome mucho después de mis días de escolar. Sus dígitos se me instalaron en el cerebro: tenía la impresión de que me hablaban de posibilidades infinitas, de aventuras sin límite. A veces me sorprendía musitándolos, como un breve recordatorio. Por supuesto, no era algo que pudiese poseer: ni el número, ni su belleza, ni su inmensidad. En realidad, quizá el poseído era yo. Un día empecé a ver lo que podía llegar a ser ese número, transformado por mí y yo por él. Entonces decidí aprender de memoria todos los decimales que pudiese.

Es más fácil de lo que parece, porque las cosas grandes son menos habituales, despiertan más la atención y resultan por tanto más fáciles de memorizar que las pequeñas. Por ejemplo: una palabra corta como «boli» o «polo» se lee (o escucha) en un instante y se olvida de inmediato, mientras que «hipopótamo» ralentiza la percepción del ojo o el oído el tiempo suficiente como para crear una impresión más profunda. He comprobado que recuerdo con mayor nitidez escenas y personajes de novelas largas que de narraciones cortas. Lo mismo me pasa con los números. Un número corriente, como el treinta y uno, puede confundirse fácilmente con sus vecinos treinta y treinta y dos. Pero no con el 31.415, cuya extensión invita a inspeccionarlo con curiosidad y atención. Las secuencias prolongadas y complejas de dígitos revelan patrones y ritmos. 31 no tiene música, ni 314, ni 3.141, pero 3 *1 4 1* 5 sí.

Debería mencionar que siempre he tenido lo que otros llaman «buena memoria». Con esto se refieren a que no tengo problema para recordar números de teléfono, fechas de cumpleaños y aniversarios y en general la clase de cifras y datos que atestan libros y programas de televisión. Una memoria así es una bendición, lo sé, y siempre me ha sido de mucha ayuda. Los exámenes escolares nunca me infundieron pavor; el conocimiento impartido por mis maestros parecía adecuarse especialmente bien a mis aptitudes mnemónicas. Pregúntenme cuál es la tercera persona de subjuntivo del verbo francés *être*, por ejemplo, o mejor aún, la historia de cómo perdió la cabeza María Antonieta, y se la cuento sin problemas.

A partir de aquel momento, centré mi capacidad de estudio en los dígitos de pi. Impresos en folios impolutos, a mil dígitos por página, los contemplé como los pintores contemplan sus paisajes favoritos. El ojo del pintor percibe e interpreta un número casi infinito de partículas de luz y las filtra de acuerdo con su intuición y gusto personal. Empieza con el pincel en un punto del lienzo, después se precipita hacia el otro extremo. De la minúscula y paciente acumulación va asomando lentamente la silueta de una montaña. De manera parecida, yo esperaba hasta que cada secuencia de dígitos me conmovía o me llamaba la atención, bien con algún rasgo especialmente atractivo o con una agradable coincidencia de números «luminosos» (como el 1 o el 5) y «oscuros» (como el 6 o el 9). A veces sucedía rápidamente, otras tenía que avanzar treinta o cuarenta dígitos de un tirón hasta encontrar el hilo conductor y deshacer lo andado. Poco a poco, a partir de los cientos, y luego millares, de dígitos individuales, reproducidos con gran precisión y cuidadosamente sopesados, fue emergiendo progresivamente un paisaje numérico.

Los pintores exhiben sus cuadros. ¿Qué podía hacer yo? Tras tres meses de preparación, rebosante de dígitos, llevé el número a un museo, con el objetivo de establecer un récord europeo recitando el mayor número de decimales de pi.

Marzo es el mes de los chubascos imprevistos, de las vacaciones para los escolares ingleses, y de limpiar las ventanas tras el invierno. Es también el mes en el que en todo el mundo se celebra el «Día de pi». Y así, aquel *Pi Day* del 14 de marzo de 2004 viajé desde Londres hasta la ciudad de Oxford, donde me esperaban varios empleados del Museo de Historia de la Ciencia de la universidad y también algunos periodistas. Un artículo en *The Times* (con foto y todo) había servido para anunciar mi propósito recitativo.

El museo se encuentra en el centro de la ciudad y ocupa el edificio más antiguo del mundo diseñado específicamente para albergar un museo: el Old Ashmolean. Icónicas cabezas de piedra con pétreas barbas contemplan desde lo alto a los visitantes que llaman a su puerta. Las paredes son gruesas, de color arena. Al acercarme al edificio, una cuadrilla de fotógrafos aparece de la nada, armados todos con cámaras que les tapan la cara como máscaras. Por un instante me quedo petrificado ante los flashes. Me detengo y recompongo una sonrisa. Un minuto más tarde han desaparecido.

Los organizadores del intento de récord se han adueñado del edificio del museo. Por el suelo serpentean los cables de las cámaras de televisión. Las paredes están cubiertas con carteles en los que se piden donativos (a petición mía, el evento pretende recaudar fondos para la investigación de la epilepsia, ya que de niño sufrí ataques a menudo). Al entrar veo que a un lado de la sala han instalado una mesa y una silla para mí. Delante hay otra mesa más larga para los matemáticos que verificarán la precisión de mi actuación. Pero aún falta una hora para que empiece el recitado, y dentro encuentro solo a un trío de hombres conversando. Uno de ellos tiene una frondosa cabellera, el segundo luce una corbata multicolor y el tercero no tiene ni pelo ni corbata. Este último se me acerca a buen paso y se presenta como el organizador principal. Estrecho entonces la mano del responsable del museo y de su asistente. En su rostro se aprecia algo de desconcierto, de curiosidad y nerviosismo. Poco después llega la prensa para instalar los micrófonos y las cámaras de televisión y empiezan a filmar las vitrinas llenas de astrolabios, brújulas y manuscritos matemáticos.

Alguien se interesa por la pizarra que cuelga en lo alto de la pared frente a nosotros. El responsable del museo explica que

Albert Einstein la utilizó durante una lección el 16 de mayo de 1931. ¿Y las ecuaciones escritas con tiza? Recogen los cálculos efectuados por el físico sobre la edad del universo, responde el del museo. Según Einstein el universo tiene diez mil, o quizá cien mil millones de años.

El ruido de los pasos sobre los escalones de piedra del museo se intensifica a medida que se acerca el momento. Los matemáticos llegan, y los siete toman asiento. Siguen llegando hombres, mujeres y niños; pronto, no hay un asiento libre. Reina en la sala un ambiente cargado de conversaciones a media voz.

Por fin, el organizador ruega silencio a los presentes. Todas las miradas se concentran en mí; nadie se mueve. Tomo un sorbo de agua y oigo que mi voz comienza.

«Tres coma uno, cuatro, uno, cinco, nueve, dos, seis, cinco, tres, cinco, ocho, nueve, siete, nueve, tres, dos, tres, cuatro, ocho...».

Mi público solo es la segunda o tercera generación capaz de escuchar el número pi más allá de las primeras decenas o centenares de decimales. Durante milenios existió solo como un puñado de dígitos. Arquímedes solo conocía los tres primeros dígitos correctos; Newton, casi veinte siglos más tarde, apenas llegaba a dieciséis. Hubo que esperar a 1949 para que científicos computacionales diesen con el milésimo decimal de pi: un nueve.

Llegar a este nueve me lleva unos diez minutos, a un ritmo de una o dos cifras por segundo. No sé cuánto ha sido con exactitud: hay un reloj electrónico que lleva la cuenta de los segundos, minutos y horas del recitado para que el público pueda seguir mi avance, pero desde donde estoy sentado no puedo verlo. Me interrumpo para beber un poco de agua y recuperar el aliento. El silencio parece tangible, palpable, doloroso incluso. Me siento solo; completa y opresivamente solo.

Las reglas de la recitación son estrictas. No puedo alejarme de la mesa, excepto para ir al cuarto de baño, e incluso entonces debe acompañarme un empleado del museo. Nadie puede dirigirme la palabra, ni siquiera para animarme. Puedo interrumpir mi recitado por unos instantes para comer una fruta o una onza de chocolate, y también para beber, pero solo en intervalos de mil dígitos acordados de antemano. Hay cámaras que documentan todos mis gestos y sonidos.

«Tres, ocho, cero, nueve, cinco, dos, cinco, siete, dos, cero, uno, cero, seis, cinco, cuatro...».

El flujo de decimales se ve salpicado ocasionalmente por una tos o un estornudo procedentes del público. No me molesta. Yo reflexiono sobre los colores y formas y texturas de mi paisaje interior. La calma se apodera de mí y disipa la ansiedad.

La mayoría de los espectadores no saben nada de los polígonos de Arquímedes, ni son conscientes de que los diez dígitos que acaban de escuchar se repetirán antes o después un número infinito de veces; es gente que nunca ha pensado tener la menor afinidad con las matemáticas. Pero escuchan con atención. La concentración que oyen en mi voz parece contagiárseles. En todas sus caras, jóvenes y viejas, redondas y ovales, se adivina un ceño levemente fruncido. Al escuchar los dígitos oyen sus tallas de vestido, sus cumpleaños, sus contraseñas del ordenador. Oyen fragmentos (a un tiempo más cortos y más largos) del número de teléfono de un amigo, o un progenitor, o un amante. Algunos se inclinan, expectantes. En su mente intuyen patrones que se desvanecen con la misma rapidez con la que los idearon.

Es gente muy diferente entre sí, con motivos muy distintos para haber acudido, y con propósitos muy diversos. El adolescente encuentra en la sala la manera de evadirse del tedio dominical; el trabajador manual, tras haber donado el equivalente al precio de un paquete de cigarrillos de su salario, insiste en quedarse para aprovechar al máximo la inversión; el turista americano de los pantalones cortos y la gorra de Mickey Mouse espera impaciente la oportunidad de narrar el espectáculo a su familia.

Pasa una hora, y luego otra.

«Cero, cinco, siete, siete, siete, siete, cinco, seis, cero, seis, ocho, ocho, ocho, siete, seis...».

Me adentro más y más en el número, y con cada aliento exhalo esfuerzo, ritmo y precisión. Los decimales aparentan un orden profundo. Los cincos nunca se imponen a los seises durante demasiado tiempo, y tampoco los ochos y nueves mantienen a la larga su preponderancia sobre los unos y doses. Ningún dígito predomina, excepto de manera breve e intermitente. Al final, todos ellos están más o menos representados por igual. Cada dígito hace una aportación equitativa al conjunto.

A medio recitar, cuando llevamos ya más de diez mil decimales, me detengo para desperezarme. Echo para atrás la silla, me levanto y sacudo brazos y piernas. Los matemáticos sueltan sus lápices y me esperan. Me llevo una botella a los labios y trago el agua, que sabe a plástico. Me como un plátano. Doblo las piernas, recupero mi asiento frente a la mesa y continúo.

El silencio en la sala es total. Todo lo gobierna, soberano como un zar. De repente suena el timbre de un teléfono móvil, su propietaria se ve inmediatamente expulsada de la sala.

Pese a estas infrecuentes interrupciones, el público establece una furtiva complicidad conmigo, y esa complicidad marca un punto y aparte determinante. Al principio, todos los presentes exudaban confianza y escuchaban atentamente, disfrutando con el sonido de unos números que les eran tan familiares al oído como tallas de calzado, fechas históricas y matrículas de coche. Pero poco a poco, de manera casi imperceptible, algo había cambiado. La consternación iba en aumento. Se daban cuenta de que no podían seguir el ritmo de mi voz si no hacían constantemente pequeños ajustes. A veces, por ejemplo, yo recitaba los dígitos deprisa, y otras los recitaba mucho más lento. De vez en cuando los enunciaba en ráfagas cortas, seguidos de breves pausas; mientras que otras veces prefería recitar las cifras en una frase larga e ininterrumpida. Podía pasar que los dígitos sonasen a veces tenues, acentuados por una agitación interna que se reflejaba en mi voz; pero pocos instantes después se suavizaban y fluían con un ritmo claro y ondulado.

La consternación da paso paulatinamente a la curiosidad. Constato que el ritmo de su respiración coincide cada vez más con el mío. Noto la curiosidad del público por cada dígito a medida que este asoma y abre paso al siguiente. Cuando los dígitos se ennegrecen en mi boca (bloques de pesados ochos y nueves consecutivos), la tensión en aquellos rostros distantes se vuelve más palpable. Cuando un tres aparece por sorpresa en una serie de ceros y sietes percibo algo similar a un respingo colectivo. Un asentimiento silente acompaña cada aceleración; sonrisas cálidas saludan las pérdidas de velocidad.

En los momentos en los que interrumpo mi recitar para tomar un sorbo de agua o comer algo no sé hacia dónde mirar antes de continuar. La mía es una soledad absoluta; no quiero corresponder a las miradas penetrantes de la gente. Me concentro en los huesos y venas de mis manos, y en los rasguños de la mesa de madera sobre la que reposan. Me fijo también en los brillos metálicos en las esquinas de las vitrinas. Aquí y allá no puedo evitar ver alguna que otra lágrima corriendo por una mejilla.

Quizá la experiencia haya sorprendido a los asistentes. Nadie les había dicho que el número pudiese parecerles tangible o conmovedor, y sin embargo se dejan llevar con gusto por su fluir.

No soy la primera persona que recita en público el número pi. Sé que existen unos cuantos «artistas numéricos», gente que recita números como un actor recita su texto. El núcleo de esta diminuta comunidad se encuentra en Japón. En Japón, los dígitos enunciados pueden sonar como frases completas; pronunciados de una forma determinada, los dígitos iniciales de pi (3,14159265) significan «un obstetra viaja a un país extranjero». La secuencia 4649 (que se da en pi tras 1.158 decimales) puede entenderse como «encantado de conocerle», mientras que cuando un hablante japonés pronuncia la secuencia 3923 (que se da en pi tras 14.194 decimales) significa al mismo tiempo «gracias, hermano».

Evidentemente, en este tipo de construcciones verbales siempre hay un punto de arbitrariedad. Las frases, breves y encorsetadas, aparecen aisladas, y es el ingenio del orador el que consigue enhebrarlas. Por lo que me han contado, los espectadores japoneses asisten a las actuaciones de estas personas como si siguiesen las evoluciones de un funámbulo, escuchando solo por si comete un error, del mismo modo que otros siguen al equilibrista por si se cae.

La relación que estos artistas mantienen con los números es complicada. Los muchos años de aprendizaje repetitivo pulen su técnica, pero también crean una incómoda sensación de duplicidad: al repetirse, los números (y las palabras) acaban por perder todo significado. A menudo sucede que, después de una exhibición pública, el intérprete se impone un ayuno numérico de varios meses. Embotado por los números, una etiqueta, un código de barras o incluso una dirección es suficiente para darle náuseas.

El artista numérico es capaz de reducir pi en su mente a una serie de frases. Dentro de mi cabeza, el que disminuye de tamaño no es el número, sino yo. Ante el misterio de pi, me reduzco tanto como puedo. Al vaciarme siento cada dígito mucho más próximo. No pretendo fragmentar el número, no me interesa subdividirlo. Me interesa el diálogo que entablan sus dígitos, la unidad y continuidad que subyace a todos ellos.

Una campana no sabe qué hora es, pero puede moverse de tal manera que anuncie las doce en punto; del mismo modo, una persona no puede calcular números infinitos, pero puede moverse de tal manera que es capaz de recitar pi.

«Tres, uno, dos, uno, dos, tres, dos, dos, tres, tres, uno...».

Mientras recito, intento evocar mentalmente una imagen exacta de lo que veo y siento. Quiero transmitir a todos los presentes las formas y los colores y las emociones que voy sintiendo. Comparto mi soledad con las personas que me miran y me escuchan. Hay intimidad en mis palabras.

La tercera hora se va tal como llegó, el recitado entra en la cuarta hora.

Más de dieciséis mil decimales han pasado ya por mis labios. A medida que se acumulan, me acompañan y espolean. Pero el cansancio se hace cada vez más evidente, y de improviso me quedo en blanco. Siento que la sangre deja de fluir hasta el cerebro. Pocos momentos atrás notaba todavía la compañía de los dígitos; ahora han desaparecido de la circulación.

En mi cabeza veo que ante mí se abren diez senderos idénticos, cada uno de los cuales me conduce a otros diez. Cien, mil, diez mil, cien mil, un millón de senderos me invitan a salir del bache con cantos de sirena, perdiéndose en todas las direcciones imaginables. ¿Hacia dónde seguir? No tengo ni idea.

Pero no dejo que me domine el pánico. ¿Cuándo le ha servido de algo el pánico a nadie? Cierro los ojos y me froto las sienes, intentando forzar una respuesta. Inspiro profundamente.

Una negrura de verdes reflejos se abate sobre mis pensamientos. Me siento desorientado, perdido. Una película blanca flota sobre el negro, recubierta a su vez por una ola entre púrpura y gris. Los colores vibran y se abultan sin llegar a parecerse a nada.

¿Cuánto tiempo dura esta enervante niebla de colores? Segundos, nada más, pero cada uno es agónicamente interminable.

Los segundos transcurren, indiferentes; no me queda más remedio que soportarlos. Si pierdo la calma, se acabó todo. Si digo cualquier cosa, el cronómetro se parará. Si no doy el dígito siguiente en los próximos instantes, se acabará todo.

No es de extrañar, pues, que cuando por fin lo enuncio, el dígito me sepa aún mejor que los demás. Tengo que recurrir a todas mis fuerzas, a toda mi fe para extraerlo. La mente se me despeja entonces, y abro los ojos. Y vuelvo a ver.

Los dígitos fluyen ahora, raudos y confiados, y recompongo la postura. Me pregunto si alguno de los presentes se ha dado cuenta de algo.

«Nueve, nueve, nueve, nueve, dos, uno, dos, ocho, cinco, nueve, nueve, nueve, nueve, nueve, tres, nueve, nueve...».

Deprisa, deprisa, debo continuar. No puedo aflojar. No puedo rezagarme, ni siquiera cuando atisbo los instantes más extraordinarios y bellos del número; la alegría que siento se supedita a la necesidad de alcanzar mi objetivo y recitar la última cifra que tengo en mente. No puedo defraudar a todos los reunidos, que me miran y me escuchan y esperan que lleve el recital hasta su satisfactoria conclusión. Todos los millares anteriores no valen nada en sí mismos: solo cuando le haya puesto punto y final al asunto contarán para algo.

Ya han transcurrido cinco horas. La voz empieza a sonarme pastosa: el agotamiento me embriaga. Pero tengo cerca el final, al alcance de la mano. El fin engendra miedos: ¿seré capaz? ¿Y si fracaso? La tensión me da el vigor para el esfuerzo final.

Y entonces, minutos después, digo: «seis, siete, seis, cinco, siete, cuatro, ocho, seis, nueve, cinco, tres, cinco, ocho, siete», y se acaba. No hay nada más que decir. He terminado de relatar mi soledad. Es suficiente.

Suenan palmas y más palmas: la gente aplaude. Alguien lanza un hurra. «Un nuevo récord», dice otro: 22.514 decimales. «Enhorabuena».

Salgo a saludar.

Durante cinco horas y nueve minutos, la eternidad estuvo de visita en un museo de Oxford.

Las ecuaciones de Einstein

Hans Albert Einstein dijo una vez sobre su padre: «El suyo era un carácter que se correspondía más con la imagen que tenemos de un artista que con la que tenemos de un científico. Por ejemplo, el mejor elogio que podía hacerse de una teoría o un buen trabajo no era que fueran correctos, ni exactos, sino hermosos». Muchos otros conocidos de Einstein han destacado también su fe en la primacía de la estética, entre ellos el físico Hermann Bondi, quien en una ocasión enseñó a Einstein parte de su teoría de campo unificado. «Es horrorosa», fue la réplica.

Asignar un rasgo universal a todos los matemáticos es por lo general una ardua tarea. La predilección de Einstein por la belleza constituye una rara excepción. Los matemáticos pueden ser altos o bajos, mundanos o retraídos, ratones de biblioteca o enemigos de los libros, políglotas o monosilábicos, ermitaños o activistas; pero casi todos estarán de acuerdo con lo que dijo el matemático húngaro Paul Erdos en una ocasión: «Sé que los números son hermosos. Si no son hermosos, nada lo es».

Einstein era físico, pero sus ecuaciones despertaron el interés y la admiración de muchos matemáticos. La teoría de la relatividad mereció sus elogios porque combinaba elegancia y economía. Con unas sucintas fórmulas, en las que cada símbolo y cada número alcanzaban su peso exacto, redistribuyó el tiempo y el espacio newtonianos.

Los libros de divulgación de las matemáticas incluyen numerosas explicaciones discursivas de pruebas técnicas para ilustrar su belleza. A veces me da por pensar que quizá eso sea un error. Sospecho que por regla general lo que los profanos admiramos del trabajo de un Euclides o un Einstein no es tanto su belleza como su ingenio. Nos impresiona, pero no nos conmueve.

Los obstáculos que nos impiden apreciar la belleza matemática, sin embargo, no son infranqueables. Me gustaría proponer un enfoque más indirecto. Alejada del conocimiento técnico de los teóricos, mi propuesta es más intuitiva. Podemos aproximarnos a la belleza que adoran los matemáticos a través de lo cotidiano: a través de los juegos, la música y la magia.

Pongamos por caso el juego del críquet, frecuente fuente de inspiración para G. H. Hardy, reputado experto en teoría de números y autor de *Apología de un matemático*, que cada mañana estudiaba el periódico durante el desayuno buscando los resultados de los partidos. Por la tarde, tras varias horas frente al escritorio, enrollaba sus teoremas y los llevaba consigo en el bolsillo (por si llovía) para ir a ver algún encuentro local. Entre sus papeles esbozó un día el siguiente «equipo ideal» de críquet:

Hobbs
Arquímedes
Shakespeare
Miguel Ángel
Napoleón (capitán)
H. Ford
Platón
Beethoven

Johnson (Jack)
Jesucristo
Cleopatra

Los partidos de críquet le ofrecían al espectador Hardy la misma «belleza inútil» que tanto apreciaba en sus teoremas. Al decir inútil se refería a que esa belleza no tenía objetivo más allá del placer que procuraba. Era habitual también que bajase al terreno de juego y se plantase ante el lanzador, rodeado por los jugadores del equipo contrario, para ver volar la bola roja hacia su bate. Al parecer, esas dos experiencias estimulaban su percepción matemática del orden, los patrones y la proporción.

En su mejor versión, un partido de críquet fluido y bien jugado puede corresponderse con la sensación de armonía que la mayoría asociamos con la música. La tensión sube y baja rítmicamente en oleadas como las notas de una canción. Un partido de cinco días sabe relajar y tensar con habilidad el perfil de sus horas, del mismo modo que toda composición musical incluye su tiempo propio en la estructura de sus notas. El carácter único de su tempo es también parte de la experiencia de la belleza matemática.

Gottfried Leibniz escribió que el placer de la música consiste en que es una «cuenta inconsciente», o «un ejercicio aritmético del que no somos conscientes». Supongo que el gran filósofo y matemático se refería a que nuestra mente percibe intuitivamente las proporciones numéricas que subyacen a toda música. En cada momento, el oyente resuelve mentalmente la relación entre las diferentes notas (las cuartas, las quintas y las octavas) como si fueran objetos que apareciesen ante él, uno junto a otro, en una gigantesca ilustración. Esta «comprensión» de la música, por muy transitoria y fugaz que sea, es algo que a todos nos parece hermoso.

Podemos aprender más sobre la relación entre las bellezas

musical y matemática leyendo los textos consagrados al filósofo, matemático y místico griego Pitágoras. Se dice que tenía oído de músico. Desde niño le gustaba especialmente la lira. Puede que oyese pulsar las siete cuerdas por primera vez a una *citharede* ambulante, una intérprete de largos rizos, vestida de colores alegres; las *citharedes*, o citaristas, eran las divas de la época.

Pitágoras descubrió que las notas más armoniosas resultan de las proporciones de números enteros. Al cortar exactamente por la mitad una cuerda vibrante, o al duplicar su longitud, se obtiene una octava (1/2 o 2/1). Si retenemos un tercio de la cuerda, o si triplicamos su longitud, el resultado es una quinta perfecta (una octava más alta). La cuarta perfecta se obtiene pulsando la cuerda a un cuarto de su longitud o prolongándola cuatro veces su tamaño. Toda la escala armónica se construye de esta manera. Para Pitágoras, la música dependía de los primeros cuatro números y sus interacciones. Idolatraba el diez como el número más perfecto, reflejo de la unidad de todas las cosas, por cuanto es la suma de uno y dos y tres y cuatro.

Según san Hipólito, uno de los grandes teólogos de la Iglesia primitiva, Pitágoras enseñaba que el cosmos cantaba, y que estaba compuesto de música; «él fue el primero en dotar de ritmo y melodía al movimiento de las siete estrellas». Intentó incluso reproducir esta música universal tan sosegadora para sus discípulos, despertándolos por la mañana con su lira. Por la tarde también tocaba para ellos, «por si en ellos anidaban todavía pensamientos en exceso turbulentos».

Resulta fácil pasar de la lira de Pitágoras al violín de Einstein. «De no haber sido físico», dijo en una ocasión durante una entrevista, «seguramente habría sido músico. Vivo mis ensoñaciones en música. Mi vida la veo como una música. El mayor disfrute en la vida me lo da la música». La funda del violín le acompañó en muchos de sus viajes, pero Einstein era discreto cuando tocaba, y no nos han llegado demasiados testimonios fiables de su habilidad musical. Al parecer, como aficionado tenía una técnica respetable, aunque un poco limitada. Puede que exista cierta afinidad entre las leyes matemáticas y las musicales, pero no son intercambiables. Ni siquiera un talento matemático tan prodigioso como el de Einstein se traducía en una musicalidad excepcional, aunque seguramente sí afinara y reforzara su capacidad de apreciar la música.

Si las matemáticas son el secreto que subyace a las armonías del críquet y la música, la belleza matemática es también clave en los mejores trucos de magia. Desde niño me han fascinado las cartas que asoman donde quieren en la baraja, los pañuelos blancos que echan a volar y los sombreros de copa sin fondo aparente. Son imágenes que me llegan muy adentro.

Una noche, hace ya unos cuantos años, presencié la actuación en Londres de un joven prestidigitador. La sala, abarrotada. Yo estaba sentado en uno de los asientos centrales, en medio de un mar de cabezas, junto a un señor entrado en años con el vientre rebosante sobre el regazo. Desde donde yo estaba se veía muy bien el escenario. La combinación de focos de alta tecnología y penumbras de vodevil era propicia para el ilusionismo.

La gente acude a los espectáculos de magia por motivos de todo tipo: algunos buscan la teatralidad, otros la vis cómica del intérprete, y otros (como mi vecino de asiento), al parecer, un sitio en el que toser. Para mí, el mayor atractivo es poder experimentar lo inesperado. Eso es lo que le da a la actuación de un prestidigitador una belleza peculiar, una belleza similar a la de una ecuación redonda.

No me refiero con eso al resultado final, al «efecto» de un truco. Hablo del método. El momento de adivinar telepáticamente una carta o de cortar a una mujer por la mitad es siempre muy parecido, mientras que las ideas ocultas que los hacen posibles pueden ser tan variadas como quienes las ejecutan. Existen decenas de métodos, si no centenares, para hacer que levite una cuchara o que desaparezca la Estatua de la Libertad, del mismo modo que centenares de personas (no todos matemáticos profesionales) han probado que el cuadrado de la hipotenusa de un triángulo rectángulo es igual a la suma del cuadrado de sus otros dos lados. Pero pocas de esas demostraciones teóricas (o métodos mágicos) superarían la criba de la belleza impuesta por Einstein. Los verdaderamente hermosos son aquellos capaces de generar sorpresa.

Tanto en la magia como en las matemáticas, la sensación genuina de lo inesperado exige del intérprete a un tiempo originalidad y destreza. Basta un paso superfluo en el método para que el teorema o el truco nos parezca feo y torpe.

Se dice a veces que los magos llegan a extremos insospechados para ocultar al público sus mecanismos. Lo cierto es que solo un método mediocre requiere tanta atención: uno bueno, en virtud de su propia belleza, consigue ocultarse solo. Podríamos llamar a esta regla la coquetería de la técnica perfecta.

Una parte de aquella mágica velada londinense ilustra perfectamente esta idea. Se invitó a una mujer del público a subir al escenario. En el centro había un cuenco de vidrio lleno de grandes botones multicolores sobre un pedestal. El mago nos explicó que en total había cien botones. Siguiendo instrucciones, la mujer hundió las manos en el cuenco para sacar tantos botones como quisiera. A continuación, dejó los botones sobre una bandeja y los tapó con un pañuelo. El mago se acercó a la bandeja, miró dos segundos bajo el pañuelo, y se volvió hacia el público.

—Setenta y cuatro —anunció.

La mujer del público procedió a contar los botones desperdigados por la bandeja, uno por uno. Tardó un rato. Pasado algo más de un minuto empujó el último botón, con el asombro cada vez más patente en la cara. Sobre la bandeja había exactamente setenta y cuatro botones. A mi alrededor, la gente aplaudía entusiasmada. El truco de «contar botones» fue uno de los momentos culminantes del espectáculo.

Supongo que algunos aplaudían al mago por disponer de unos poderes mentales rayanos en lo sobrenatural. Reconocer setenta y cuatro objetos (y no setenta y tres o setenta y cinco) en menos de dos segundos, es algo bastante excepcional. Los neurólogos afirman que el cerebro humano no puede «subitizar» (contar a simple vista) más de cuatro o cinco objetos. Esa cifra se mantiene constante en personas de todo tipo, independientemente de su formación o de sus particularidades sinápticas: ni matemáticos ni autistas *savants* la superan. En dos segundos, ni siquiera el ojo más entrenado es capaz de contar más allá de ocho o diez.

Ni se me pasó por la cabeza que la explicación pudiese estar en la clarividencia: incluso asumiendo que fuese posible (y no es el caso), habría resultado decepcionante. Un laborioso recuento de cada botón, incluso conseguido a una velocidad excepcional, carecería por completo de refinamiento o belleza. Exprimí mi imaginación intentando recomponer el golpe de inspiración del mago.

¿Cómo puede alguien contar instantáneamente una cantidad (relativamente) grande de algo? La pregunta me rondaba aún la cabeza cuando me metí en la cama y di vueltas y más vueltas hasta que conseguí dormirme. En sueños volví a ver ante mí el cuenco transparente y resplandeciente, y los enormes botones, y a la tímida mujer sosteniendo la bandeja. Los miraba y remiraba, pero no veía nada.

Me desperté temprano a la mañana siguiente, con una hermosa sensación de claridad absoluta. La noche parecía haber hecho efecto. Cada instante del truco del mago cobraba entonces sentido, de principio a fin. ¿Había descubierto el artificio del truco? No sabría decirlo. La solución era tan sencilla y económica que parecía inevitable, pero no tengo ni idea de si es la del mago o solo la mía. En cualquier caso, aquella mañana me levanté con un ánimo inmejorable. Sentí ganas de saltar y gritar «¡Eureka!», como Arquímedes en su bañera. Puede que lo hiciera. Me sentía como el matemático invadido por el éxtasis súbito y asombroso de una demostración.

De entre el banco de pensamientos nocturnos que nadaban por mi cerebro hay uno que recuerdo con nitidez. Un modesto instrumento doméstico que yo usaba a diario: la balanza de cocina. De repente, la pregunta «¿cómo puede alguien contar instantáneamente una cantidad grande de algo?» tenía una deliciosa respuesta: ¡pesándolo! ¿Y si los botones idénticos pesaban cada uno exactamente un gramo? ¿Y si en el pedestal del cuenco de vidrio había una báscula escondida? En cuanto la mujer levantase setenta y cuatro botones del cuenco, el indicador (oculto entre bambalinas) pasaría de inmediato de «100» a «26». Entonces solo haría falta transmitirle la cifra al prestidigitador, mediante un pinganillo o una señal acordada de antemano. El hecho de que las matemáticas necesarias fuesen algo tan sencillo como una simple resta no hacía sino incrementar el atractivo de la solución.

Esa belleza pura que llamamos matemática y que encontramos en los juegos, en la música y en los trucos de prestidigitación es similar a un rumor, o a un anhelo que anida en la persona, y que se insinúa importante y profundo. Volvemos a él una y otra vez: es hermoso porque permanece. Los que cambiamos somos nosotros.

Los problemas, tanto en la magia como en las matemáticas, son algo maravilloso. Sin problemas no tendríamos demostraciones, y el rutilante placer de la dilucidación es una forma de belleza. Por supuesto, las ecuaciones de Einstein poseían en abundancia esa cualidad tan especial. $E = mc^2$ (energía igual a masa por el cuadrado de la velocidad de la luz) da respuesta a enigmas (como el del comportamiento de la luz) que la mayoría de los científicos ni siquiera habían conseguido ver.

He hablado hasta ahora sobre la belleza matemática sin hacer apenas referencia a los números, pero los problemas numéricos también ofrecen muchos ejemplos de belleza. Un ejemplo aritmético que me gusta especialmente es la multiplicación 473 × 911. La solución (430.903) puede parecer banal a primera vista. Sin embargo, la repetición de treses y ceros invertidos como en un espejo apunta a que bajo la superficie se oculta un patrón atractivo. Y entonces es cuando empezamos a juguetear con la respuesta. Examinándola detalladamente, podemos ver que existe esta relación: 903 − 430 = 473. Vista así, la solución gana en interés. Si ahora modificamos ligeramente la pregunta original (473 × 910) y simplificamos así la suma, encontramos el resultado: 430.430. Y nos preguntamos: ¿cómo es posible? Retomemos el problema original y diseccionemos las cifras. 473 es igual a 43 × 11. El número 910 está compuesto por 7 × 13 × 10. Sigamos trasteando con estos componentes menores y descubriremos que nuestro cálculo inicial equivale a (43 × 1.001) + (43 × 11).

También podemos encontrar ejemplos de belleza numérica entre los números primos. El número 75.007 (que casualmente es el código postal de un barrio parisino bastante chic) plantea el problema de si habrá algún número menor capaz de dividirlo limpiamente. Dicho de otra forma: ¿es 75.007 un número primo? La pregunta, tan aparentemente simple, es dificilísima de responder. Como en la suma anterior, hay que darle vueltas y más vueltas al número hasta que finalmente revela su secreto.

Empezamos partiendo de la base de que el 75.007 es un número compuesto (la probabilidad juega a nuestro favor), es decir, que existen números menores por los que puede dividirse con exactitud. Al no ser número par, no es divisible por 2 (el más pequeño de los primos). Comprobamos que el número 75 es divisible por 3 y por 5 (los primos siguientes), pero no cuando va seguido de dos ceros y un siete. Podemos visualizar el 75.007 como una calle muy larga y comprobar que, sesenta y ocho puertas más adelante, el número 75.075 es claramente divisible por 1.001 (y consecuentemente por 7, por 11 y por 13). Pero 68 solo puede separarse en dos y luego otra vez en dos hasta quedar en 17.

Imaginemos al matemático, bolígrafo en mano, intentando desentrañar los factores de nuestro número. La inspiración lo elude, y no está seguro de que vaya a llegarle. Deja el escritorio y mientras deambula por el cuarto avanza mentalmente por la calle imaginaria y sus casas numeradas. Y entonces, de repente, le asalta una idea electrizante: 75.007 puede expresarse como 74.900 + 107, o (10.700 × 7) + 107, o incluso (107 × 100 × 7) + 107, y el corazón le da un vuelco de alegría al reconocer ese factor repetido: 107. Entonces, en una hoja nueva, escribe: 75.007 = 107 × 701.

El ser humano vive en una búsqueda perpetua de significado: la ausencia de significado revuelve nuestras mentes, y con independencia de la escala del problema, la solución siempre es algo bello. Las ecuaciones de Einstein solucionaron problemas como: «¿Qué significan los términos "tiempo" y "masa"?». Un matemático podría decirnos que el número 75.007 supone recorrer la distancia entre 0 y 107 y a continuación repetir ese trayecto 701 veces consecutivas. Otros significados, como los que se pueden encontrar en la música o el críquet, aun siendo más íntimos e inexpresables pueden resultar igual de poderosos. Allí donde se vence al caos y se evita la arbitrariedad, allí está la belleza; y la belleza nos rodea.

En una ocasión pasé una tarde en la residencia de verano de unos amigos. Acabábamos de volver de una larga caminata por las colinas circundantes, cansados y hambrientos. Uno de mis amigos encendió una radio de bolsillo. Nos sentamos en el salón, mirando al mar, oyendo la radio a medias mientras hablábamos de naderías. El locutor leía las cartas que los oyentes habían enviado al programa durante la semana. En plena letanía de alabanzas y quejas insertó un breve acertijo, enviado por un oyente veterano del norte del país.

«Una especie muy particular de nenúfar dobla su tamaño cada día. Si el nenúfar cubre la superficie de un lago en 30 días, ¿cuánto tardará en cubrir la mitad del lago?».

Interrumpimos la conversación brevemente para retomarla un instante después. Alguien apagó la radio. La amiga que tenía enfrente estaba cada vez más ensimismada: sus intervenciones en la conversación eran extemporáneas y entrecortadas. Otras voces retomaron la conversación. Al parecer, nadie había prestado especial atención al problema del nenúfar.

Transcurrieron varios minutos. Mi amiga miraba de reojo las paredes y las ventanas, y las colinas floridas que había tras ellas. De la cocina nos llegaba el tintineo de las tazas de té que luego, aún humeantes, nos fueron distribuyendo. Mi amiga no llegó a tocar su taza, que tembló cuando, distraída, golpeó la mesita con su pierna.

Y entonces lo vi. De repente, su rostro irradiaba felicidad. «Veintinueve», dijo, con una sonrisa de oreja a oreja. Si el nenúfar duplica su tamaño cada día, por lógica reducirá a la mitad su tamaño con cada día que nos remontemos en su pasado. Si tras 30 días tenía un tamaño de 1 (por «un lago»), a los 29 días tenía un tamaño de 0,5, y de 0,25 a los 28 días, y de 0,125 a los 27 días, etcétera.

Aquel instante de inspiración la había sorprendido, me dijo luego. Le había llegado como de la nada. Y yo había asistido al instante en el que mi amiga presenció la asombrosa belleza de las matemáticas.

El cálculo del novelista

Tolstói dijo que la historia del mundo es la historia de las personas pequeñas. Sin embargo, el propio León Nikolaievich era todo un hombretón. Con su metro ochenta era más alto que la mayoría de sus coetáneos. Y más fuerte también. Podía levantar ochenta kilos con una sola mano. Vestía sus músculos con sencillez, con un blusón de campesino y un cinto rodeándole los riñones. Los argumentos con los que alimentaba su ego eran igual de robustos. Refractario siempre a las corrientes de pensamiento de su época, acusó a los historiadores de no ser más que adoradores de héroes. A lo largo de las más de mil páginas de *Guerra y paz*, construyó su ataque más constante; su arma esencial provenía de las matemáticas.

El cálculo no era, ni mucho menos, una idea novedosa en tiempos de Tolstói. Sus «inventores» en el siglo XVII, Isaac Newton y Gottfried Leibniz, no hicieron sino pulir teorías que llevaban en desarrollo desde la Grecia clásica. Así como los geómetras estudian las formas, el estudiante de cálculo examina el cambio: el proceso matemático por el que un objeto pasa de un estado a otro, como cuando se describe el movimiento de una pelota o una bala en el espacio mediante una representación gráfica. En aquellas curvas lisas y sutiles, en las que se reflejan los movimientos infinitesimales presentes en cada vida humana, Tolstói creyó ver la ceguera de los historiadores de su tiempo.

A su impresionante capacidad intelectual, Tolstói podía añadir también cierto gusto por las ideas exóticas. Pienso en algunas de sus afirmaciones más disparatadas, como cuando tachó a Shakespeare de pésimo poeta, cuando se refirió al darwinismo como una moda transitoria o cuando afirmó que el matrimonio no era sino fornicación legalizada. Como ya hiciera Thomas Jefferson, recortó el Nuevo Testamento con unas tijeras para despojar sus páginas de todo milagro. Su culto de la sencillez, como lo bautizaría tiempo después G. K. Chesterton, atrajo a una multitud de discípulos a su residencia: hombres y mujeres, jóvenes y viejos, todos ataviados con sábanas y alpargatas, que le seguían a cada paso colgados de sus palabras. Aun así, la idea que tenía el novelista de la historia como una especie de cálculo era mucho más ambiciosa, ingeniosa y subversiva que todo lo anteriormente expuesto.

Encontramos esta idea en muchas de las páginas de *Guerra y paz*, en los pasajes que se asemejan a la argumentación sucinta e intensa de un panfleto. Se da la circunstancia de que son los mismos pasajes que el lector moderno acostumbra a saltarse, algo quizá comprensible. Pero el lector poco diligente se pierde así uno de los pilares sobre los que se sustenta la obra de Tolstói.

El avance de la humanidad, producido por un número infinito de arbitrariedades humanas, es un proceso continuo. La comprensión de las leyes de ese movimiento es el objetivo de la historia [...] Solo tomando para nuestra observación la unidad infinitesimal [...] y consiguiendo el arte de integrar (sumando los infinitesimales) podemos llegar a comprender las leyes de la historia.

El cálculo infinitesimal, que Tolstói definía como «una rama moderna de las matemáticas que ha conseguido el arte de tratar lo infinitamente pequeño», le ofrecía un vocabulario con el que manifestar su desacuerdo con muchos historiadores, a los que acusaba de una lamentable tendencia a la simplificación. Los expertos llegan a un campo de batalla, un parlamento o una plaza pública y preguntan: «¿Dónde está? ¿Dónde está?». ¿Dónde está quién? «¡El héroe, claro! ¡El líder, el creador, el gran hombre!». Y cuando dan con él ignoran a sus iguales, a sus tropas y asesores. Cierran los ojos y extraen a su Napoleón de entre el lodo, el humo y las masas presentes de ambos bandos, y les admira que un personaje semejante haya podido imponerse en tantas batallas y tenga en sus manos el destino de todo un continente. «Había en este hombre una mirada digna de ver», escribió Thomas Carlyle sobre Napoleón en 1840, «un alma capaz de osar y cumplir. Ascendió de manera natural hasta ser rey. Todos lo vieron como tal».

Tolstói no compartía esa opinión. «Los reyes son los esclavos de la historia», afirmó, «el enjambre inconsciente que es la humanidad se vale de cada momento de la vida de un rey como de un instrumento para sus propósitos». Reyes, comandantes y presidentes no interesaban a Tolstói. En su historia, dirige la mirada a otra parte: es el estudio del cambio imperceptible, infinitamente incremental, que lleva de un estado (paz) a otro (guerra).

Según los expertos, las decisiones de los hombres excepcionales podían explicar todos los grandes acontecimientos históricos. Para el novelista, esta creencia no hacía sino probar que eran incapaces de entender la realidad de un cambio paulatino, motivado por la infinidad de pequeñas acciones de la multitud. En su afán por teorizar, por identificar las «causas», el historiador privilegia una serie de eventos y los examina al margen de los demás. ¿Por qué, de repente, la Francia napoleónica y la

Rusia zarista se enzarzaron en una guerra? ¿Qué llevó a millones de personas (personas que rebañaban sus platos, leían cuentos a sus hijos y se preocupaban por su aspecto) a de repente expoliar, aplastar y masacrar? Según otro experto, Napoleón fue víctima de su orgullo y sus manías y abarcó más de lo que podía. Entonces se abandonó, engordando y cayendo en rachas de malhumor. La acumulación de victorias en las batallas le llevó inevitablemente a considerarse invencible. No, no, dice otro historiador: olvida usted lo susceptible y débil que era el zar Alejandro. Esa debilidad propiciaba la agresión militar. Un tercero apunta que el prolongado embargo económico en Europa incrementó las tensiones entre los distintos pueblos. Un cuarto resalta que cientos de miles de soldados encontraron empleo. Se dice que el propio Napoleón, hacia el final de sus días, atribuía la guerra a una intriga de los británicos.

Por supuesto, no todas estas «causas» pueden ser ciertas: algunas incluso se contradicen entre sí. Una de dos: o la decisión de Napoleón de invadir Rusia fue impetuosa e instintiva, o se concibió de manera cuidadosa (para aprovechar la debilidad rusa) y deliberada (para mantener ocupadas a sus tropas). O bien las carencias rusas atrajeron la atención del ejército francés, o bien Napoleón inventó en su delirio esa debilidad para sus propios fines. La guerra fue producto bien de la iniciativa francesa, bien de la intervención británica.

Como británico residente en Francia, puedo ver cómo cada nación elige sus propias causas y elabora su propia versión convincente de la historia. En Reino Unido, el nombre de Napoleón es sinónimo de tiranía y de los delirios de grandeza de un hombrecillo ridículo. En Francia, *au contraire*, es un revolucionario que dio la cara por la nueva República frente a las hostiles monarquías europeas. El pomposo Napoleón de las «manitas blancas» que describe Tolstói es, evidentemente, el Napoleón visto desde la perspectiva rusa.

Este tercer Napoleón concebido por Tolstói tenía al menos una virtud capital: sabía que era mejor no inmiscuirse en los asuntos de sus soldados y procuraba no herir susceptibilidades para dar la impresión de estar al mando. Los que disparan, apuñalan, tosen, gritan y sangran son los soldados. Ellos constituían la inmensa mayoría del ejército imperial francés, pero no daban nunca ninguna orden. Las órdenes llegaban de los oficiales que los comandaban, y a estos les llegaban de sus generales, que recibían las órdenes del comandante en jefe. Las órdenes más importantes proceden siempre de los que menos participan en el combate físico. Por ese motivo, la mayoría de esas órdenes, miles de ellas, no se correspondían con las condiciones «sobre el terreno» y no llegaban a ejecutarse nunca, porque no coincidían con las circunstancias reales, que escapaban al control del jefe supremo. En lo que a Tolstói concierne, pues, decir que Napoleón invadió Rusia es decir simplemente que algunas órdenes suyas, de entre las miles que se quedaron en nada, coincidieron con los acontecimientos de mayor alcance que se produjeron entre los pueblos ruso y francés en 1812.

¿Cuáles eran esos acontecimientos de mayor alcance «sobre el terreno»? Tal y como sugiere la analogía con el cálculo de la novela, eran innumerables, infinitesimales. En un momento y un lugar determinados coincidieron durante algún tiempo las voluntades, deseos e intenciones de cientos de miles de personas. Tolstói ilustra uno de esos momentos en la vida de una remota región rusa.

Boguchárovo estaba rodeado por grandes pueblos, de los cuales unos pertenecían a la Corona y otros a terratenientes que recibían tributo, aunque muy pocos de ellos vivían en sus tierras. Pocos eran los criados y poquísimos los que sabían leer y escribir. En los campesinos de esa comarca eran más visibles y fuertes las corrientes misteriosas de la vida popular rusa cuya causa y sentido resultan inexplicables a nuestros contemporáneos. Un fenómeno de esa clase fue el movimiento surgido entre los campesinos en pro de la migración hacia ciertos ríos cálidos, movimiento que había tenido lugar hacía veinte años. Cientos de *mujiks* [...] comenzaron, de pronto, a vender su ganado y trasladarse con sus familias hacia el sureste. Como pájaros que emigran más allá de los mares, estos campesinos se dirigían con sus mujeres e hijos hacia el sureste, donde ninguno de ellos había estado jamás. Iban en caravanas o individualmente: unos pagaban su rescate y otros huían, deseosos de llegar a los ríos cálidos. Muchos fueron castigados y deportados a Siberia; otros murieron de hambre y frío en el mismo camino; otros regresaron a sus casas; y el movimiento cesó, como había comenzado, sin motivo aparente. Pero no dejaban de infiltrarse en el pueblo corrientes subterráneas que se concentraban, dispuestas a convertirse en una nueva fuerza y manifestarse otra vez de la misma manera inopinada y extraña, pero igual de sencilla y natural, con la misma energía que antes. En 1812, para cualquier hombre que viviese cerca del pueblo, era evidente que esas corrientes subterráneas existían, estaban muy arraigadas y su manifestación externa se aproximaba.

De creer a Tolstói, los historiadores contemporáneos no tenían en cuenta esas «corrientes subterráneas» en la vida de un pueblo. Cegados por las olas eran incapaces de ver el océano de la historia. Conscientes solo de las mareas que llamaban «causas», pasaban por alto las profundidades abisales de las que surgían aquellas agitaciones en la superficie. Un hombre llamado Napoleón de carácter impetuoso, seis meses después, Moscú está asediada. Un historiador observa estas dos circunstancias y traza un vínculo: cientos de miles de moscovitas abandonaron sus hogares y batallones enteros de soldados perdieron la vida por culpa del carácter impetuoso de una sola persona: Napoleón.

Otro ejemplo: el historiador constata que (pongamos) en Liverpool y Londres se han producido revueltas locales a causa de la escasez de pan, y que menos de un año después las tropas rusas intentan repeler el avance francés. Y así se van tejiendo teorías enteras, cada una más elaborada e ingeniosa que la anterior, con la intención de entrelazar los altercados de las ciudades inglesas con la masacre de Borodinó.

Reconozco que he esbozado solo los trazos generales de estas teorías históricas, y que a menudo son mucho más complejas, y que en ellas se analizan, uno tras otro, los motivos que conducen a una guerra. El temperamento de un hombre llamado Napoleón no es más que uno de esos motivos, y la carestía del pan en Liverpool, otro. A menudo encuentran un tercer motivo, y quizá un cuarto o quinto, que se suman a los dos primeros. Pese a ello, la principal objeción de Tolstói persiste. Según él, los historiadores tienden por naturaleza a adoptar un enfoque erróneo, porque un conflicto de masas no puede reducirse a un puñado de causas, del mismo modo que el rumbo de un barco no puede reducirse a unas cuantas olas. Entre un puerto francés y uno ruso hay una infinidad de puntos en el mar: ¿qué razón hay para decir que el punto quince mil cuatrocientos tres, o el punto setenta y un mil novecientos sesenta y ocho, son en última instancia los responsables de la arribada del barco?

Un error equiparable sería el de preguntarle a un hombre maltratado por los años en qué hora de su vida se produjo el golpe. ¿Qué golpe? Cuál va a ser: el que le hizo perder los dientes, y le rompió los huesos y le destrozó la piel. Una pregunta así no tiene sentido, es evidente. El tiempo erosiona paciente, constantemente. ¿Qué habría podido responder el anciano? Quizá habría recordado una noche de verano particularmente tórrida en 1968 en la que al darse la vuelta en la cama cayó al suelo y se rompió la tibia. O bien recuperaría el olor del duro jabón carbólico con el que le lavaban la cara en su infancia, en la década de 1940. O quizá le venga a la mente el día de 1997 en el que, jugando con su nieto, una pelota de goma dura le golpeó involuntariamente en la cara. Pero ninguno de esos acontecimientos por sí solos, y tampoco en combinación, podrían ayudarnos a comprender realmente el estado actual del anciano.

El cambio nos parece misterioso porque es invisible. Es imposible ver crecer un árbol, o envejecer a una persona, si no es ayudándonos de un instrumento tan precario como el recuerdo. Un árbol es pequeño, y luego es grande. Un hombre es joven, y más tarde viejo. Un pueblo vive en paz, y luego está en guerra. En cada caso, los estados intermedios son a la vez infinitamente numerosos e infinitamente complejos, y por eso escapan a nuestra percepción finita.

De este modo es posible que se produzcan cambios radicales sin que lo sepamos. Un amigo me contó un día una historia que lo ilustra muy bien. Una amiga americana de mi amigo heredó una casa en el sur de Europa. En la casa había muchos muebles y obras de arte de considerable valor. Cada verano, la americana volaba a Europa y se alojaba en la casa, rodeada de aquellos objetos. Se sentaba en los mismos cojines, pasaba delante de los mismos objetos y oía el tictac del mismo reloj de pared. Había confiado el mantenimiento de la casa a un reducido y leal grupo de empleados, con lo que se aseguraba de que cada vez que entrase en la casa la encontraría limpia y en perfecto estado. Un día, varios veranos después de haber heredado la casa, su hermana pequeña la acompañó de visita.

La hermana estaba entusiasmada: había oído contar maravillas de la casa, y se moría de ganas de verla. Pero aquella sensación pronto dio paso a la curiosidad primero, a la confusión después y finalmente al asombro. La silla de aspecto distinguido del salón, vista de cerca, resultó ser una copia barata y desvencijada. Separado de su marco, el cuadro que colgaba sobre la chimenea se dobló como una hoja de papel. La estatuilla de mármol del dormitorio de invitados olía inconfundiblemente a plástico. ¡Falsificaciones! Frenéticas, las hermanas recorrieron la casa habitación por habitación hasta que toda la vivienda estuvo patas arriba. Cada silla, cada jarrón, cada cuadro, casi todo en la casa (más de una centena de objetos) había sido cuidadosamente sustituido sin el conocimiento de la americana. Poquito a poco, pieza a pieza, un astuto miembro del personal había desvalijado la casa en sus mismísimas narices.

En ocasiones, las revoluciones cambian por completo un país del mismo modo en que el empleado de la americana le cambió la casa de arriba abajo. La disidencia va creciendo en un país de manera imperceptible mucho antes de que el dictador de turno saque los tanques a la calle. Y, tal y como han puesto de manifiesto los recientes acontecimientos en el mundo árabe, nadie puede predecir una revolución antes de que se produzca, y nadie la puede controlar cuando ya está en marcha. «No sabemos por qué estallan la guerra y la revolución», afirma Tolstói. «Solo sabemos que para provocar esta o aquella acción la gente se combina en una particular formación en la que todos participan». Al oír el súbito trueno de los manifestantes, las voces indignadas, al ver los rostros alzados y furiosos, el poderoso, sapientísimo y benevolente príncipe no sabe qué sucede. En su desconcierto se pregunta lo que tantos otros dictadores han acabado preguntándose: ¿de dónde ha salido toda esa gente con el puño alzado y la voz airada? Los contempla incrédulo, pero la respuesta es simple, porque solo hay una respuesta posible. Simplemente, esa gente siempre ha estado ahí: en las calles, en las mezquitas, en los bazares. Solo que ahora, la masa dispersa de personas se concentra de manera súbita y ruidosa. Solo entonces se hacen ver y oír el hombre sin trabajo, la mujer privada de dignidad y el adolescente sin nada que comer.

¿Qué fuerza es la que mueve a los pueblos? No la de los dirigentes, nos dice Tolstói, ni tampoco la de las ideas. Es una fuerza inefable, invisible.

La historia parece suponer que esa fuerza se comprende por sí misma y es conocida por todos. Mas, a pesar de los deseos de dar por conocida dicha fuerza, quien lea muchas obras históricas habrá de poner en duda, lo quiera o no, que esa nueva fuerza, tan diversamente comprendida por los propios historiadores, sea perfectamente conocida por todos.

Esa fuerza es la vida humana, en la que cada persona participa, desde el humilde campesino Karatev hasta el emperador Napoleón. Es la «calidez escondida» del patriotismo que experimentan los moscovitas cuando se ven de improviso enfrentados a la terrible amenaza de una invasión extranjera. Es la «descomposición química» de los soldados franceses en retirada cuando su objetivo (el enfrentamiento frontal con un enemigo predeterminado en Moscú) se revela inalcanzable. Es la «fuerza de la costumbre» la que, durante una conversación de salón, hace que el príncipe Vasili Kuraguin diga «cosas que ni siquiera deseaba que fuesen creídas».

En lugar de atribuir diversos grados de responsabilidad a esta o aquella causa, Tolstói propone que los historiadores presten mucha más atención a esta fuerza. El incendio de Moscú, que los historiadores han explicado como una táctica defensiva rusa (la llamada «política de la tierra quemada»), o bien como una venganza de los invasores franceses, puede entonces explicarse en otros términos.

Moscú ardió porque fue puesta en unas condiciones en las que cualquier otra ciudad construida de madera habría ardido [...]. Una ciudad de casas de madera en la que se originaban varios incendios diarios, aun cuando estaban en ella sus habitantes y dueños y en presencia de la policía, no podía menos de arder ahora que la gente se había ido y en su lugar quedaban soldados que fumaban sus pipas y encendían hogueras en la plaza del Senado, quemando las sillas del edificio, y cocinaban sus dos comidas al día.

Semejantes argumentos escandalizaron a los primeros lectores del libro, que se publicó en varias ediciones a lo largo de la década de 1860. Turguenev tildó las reflexiones históricas como «charlatanerías» y «teatritos de marionetas», mientras que a Flaubert le parecieron simplemente repetitivas. El historiador A. S. Norov tituló su crítica del libro «La falsificación de la historia a manos de Tolstói». Otro historiador, Kareev, se quejó de que el novelista pretendiese abolir por completo la historia. Siglo y medio después, en el año 2000, un editor ruso publicó un primer borrador del libro y alardeó de la ausencia de tan problemáticos elementos. «La mitad de largo. Menos guerra y más paz. Sin digresiones filosóficas ni incomprensibles diálogos en francés. Un final feliz».

Los matemáticos, en cambio, han resultado ser un público considerablemente más atento. Urusov, matemático y amigo de Tolstói, manifestó su satisfacción por la analogía con el cálculo infinitesimal. Más recientemente, en un artículo escrito en 2005 para la Asociación de Matemáticos de América, Stephen T. Ahearn ensalzó la «riqueza» y «profundidad» de las metáforas matemáticas de Tolstói y animó a los profesores de matemáticas a emplearlas en el aula.

¿Qué podemos concluir, entonces? ¿Nos corresponde a nosotros concluirlo? Después de todo, si Tolstói tiene razón, su libro (como cualquier otro acontecimiento en el tiempo) no puede comprenderse con suposiciones, reglas y teorías previas. Todo tiene su momento y su contexto. Antes empezaban a leer este ensayo en un estado y ahora que terminan de leerlo se encuentran en otro distinto. ¿Qué opinan? Yo no puedo decírselo. El proceso de cambio impone siempre su propio significado en cada ser y en cada cosa.

Libro de libros

He caminado estando dormido, y he hablado estando dormido, pero nunca he escrito dormido. El escritor islandés Gyrðir Elíasson describe en su cuento corto *Næturskriftir* ('Escritura nocturna') a un personaje cuyo bloqueo creativo desaparece tan pronto se apagan las luces. En un cuaderno que tenía en la mesilla de noche empieza entonces a escribir palabras, frases e incluso historias enteras mientras sueña.

> Cada día transcurría de idéntica manera: no podía escribir... pero por la noche escribía, casi cada noche. Su mujer sabía que no hay que despertar a los noctígrafos, de modo que se quedaba tumbada en la cama y observaba la expresión de su espalda y la asombrosa confianza con la que escribía con el cuaderno sobre las rodillas. (La traducción es mía).

Hay algo en el cuento de Elíasson que me resulta familiar. Creo que tiene que ver con enfrentarse a ese infinito que es todo libro, escrito o por escribir, incluido el «Libro de la vida»: las infinitas combinaciones posibles que conforman nuestros días. ¿Cómo escoge el autor la palabra exacta, la frase precisa, la imagen más adecuada de entre las incontables posibilidades imaginables? ¿Cómo imagina cada persona una existencia nueva, cómo reconfigura las decisiones que componen otro destino?

Consultándolo con la almohada. ¿Y por qué no? En nuestros sueños está el infinito. Liberados de las inhibiciones de la vigilia, las palabras, las imágenes y las emociones circulan y se combinan libremente en nuestras mentes. A lo largo de los siglos, el inconsciente ha creado algunas de las obras más extraordinarias de la literatura: Goethe y Coleridge son solo dos de sus seudónimos.

Los sueños escapan a todo escrutinio, por ser este siempre finito: demasiado a menudo se desvanecen a la estrecha luz del día. Al despertar no nos queda sino el dulce rumor de la lluvia y los ecos distantes de una canción, una nariz aquí, una sonrisa allá, un vestigio de tristeza o un destello de alegría, un vacío sugerente y cautivador. Como un libro, como una vida: ¿dónde empieza la explicación? Un sueño no tiene principio, y consecuentemente tampoco tiene centro ni final.

Soñé que entraba en una casa y encontraba a todos sus habitantes tendidos en el suelo. Tumbados, sí, pero hablaban y reían y comían juntos. Tumbados, y no sentados. Era como una escena sacada de un libro que no había leído y que no había sido escrito. ¿Cuántas escenas así ocupan nuestros sueños, nuestras vidas, las páginas de un libro? Una infinidad.

Al igual que el «noctígrafo» de Elíasson, Antón Chéjov llevó siempre un cuadernillo de notas a lo largo de su destacada carrera, aunque cabe suponer que escribiría sobre todo cuando estaba despierto. Sus páginas, repletas de observaciones cotidianas de su existencia, han conservado destellos de las infinitas permutaciones de la vida «ordinaria».

«En vez de sábanas, manteles sucios».

«En la factura conservada por el hostelero se indicaba, entre otras cosas: "Chinches: quince kopeks"».

«Si quieres que te amen las mujeres, sé original, conozco a

un hombre que llevaba botas de fieltro en verano y en invierno, y las mujeres caían rendidas a sus pies».

Esta infinita variedad inspiró muchos de los cuentos de Chéjov. En «El billete de lotería», una pareja de clase media imagina la vida que vivirían si ganaran el gordo de la lotería. La posibilidad de ganar les obsesionaba...

—Y si hemos ganado —dijo él—, ¡la nuestra será una vida nueva, será una transformación! [...] Una serie de imágenes se agolparon en su mente, cada una más agradable y poética que la anterior. Y en todas ellas se veía bien alimentado, sereno, sano: se sentía calentito, ¡incluso acalorado! [...] —Sí, estaría bien comprar una finca —dijo su esposa, soñando también [...] Ivan Dmitrich se detuvo a contemplar a su esposa. —Debería ir al extranjero, Masha ¿sabes? —dijo. Y empezó a pensar en lo agradable que sería viajar a finales de otoño al sur de Francia, ¡a Italia! ¡A la India!

Medio siglo después que su compatriota, Vladimir Nabokov (también precoz tomador de notas) compuso sus novelas en dos alfabetos y tres idiomas (ruso, francés e inglés). De su pluma fluyeron infinidad de anagramas, juegos de palabras y neologismos.[*] Nabokov comparaba la composición de una historia con juntar las piezas de un rompecabezas.

La realidad es un asunto muy subjetivo [...] Uno puede acercarse mucho, muchísimo, a la realidad, pero nunca llega a estar lo suficientemente cerca, porque la realidad es una sucesión infinita de pasos, de niveles de percepción, de dobles fondos, y como tal es inagotable, inalcanzable. Es posible saber cada día más sobre

* Incluido el anagrama que, en la versión original del texto, situaba en el espacio al autor: «*a vivid, blank room*» («una habitación vacía, vívida»), transposición anagramática de «Vladimir Nabokov». (*N. del t.*)

algo, pero nunca podremos saberlo todo sobre ese algo: es un ejercicio fútil.

Como un rompecabezas, como un sueño, las novelas de Nabokov iban surgiendo de manera no lineal: a menudo, lo último que escribía de una historia era la parte central. No era raro que escribiese el capítulo ocho de un borrador antes que el capítulo siete o que el capítulo tres. Era habitual también que escribiese sus cuentos nuevos al revés, empezando por las últimas líneas.

Lolita, la más famosa y escandalosa novela de Nabokov, empezó a gestarse sobre una larga serie de tarjetas de ocho por doce centímetros. Lo primero que hizo fue esbozar las escenas finales de la historia. En fichas posteriores, Nabokov anotó no solo párrafos de texto, sino también ideas para el argumento y otros fragmentos de información; en una de esas tarjetas incluyó una tabla estadística sobre el peso y la estatura media de las chicas jóvenes; en otra, una lista de canciones de *jukebox*; en otra, la ilustración de un revólver.

De vez en cuando, Nabokov reordenaba sus fichas, buscando la combinación de escenas más prometedora. El número de permutaciones debía de ser inmenso. Tres de las tarjetas de Nabokov podrían haberse ordenado de seis maneras distintas: (1, 2, 3), (1, 3, 2), (2, 1, 3), (2, 3, 1), (3, 1, 2), (3, 2, 1), mientras que con diez tarjetas (el equivalente a dos o tres páginas impresas en el libro) se habrían podido obtener más de tres millones y medio de secuencias posibles. Componer tan solo cuatro o cinco páginas (es decir, el contenido de unas quince tarjetas) le habría obligado a elegir entre más de 1,3 billones de variaciones. *Lolita* ocupa sesenta y nueve capítulos y más de trescientas cincuenta páginas, lo que significa que el número de versiones posibles supera (por márgenes casi inimaginables) el número de átomos que componen el universo.

Por supuesto, muchas de estas posibles *Lolitas* no habrían sido viables. Pero aun así, entre las versiones desconcertantes, incongruentes y torpes deben de existir algunas alternativas legibles. ¿Cuántas? ¿Cien? ¿Mil? ¿Un millón? Más. Muchas más. Los editores podrían producir las suficientes como para que cada lector del planeta tuviese su propia versión de *Lolita*. En una, el famoso dístico que abre la novela («Lolita, luz de mi vida, fuego de mis entrañas. Pecado mío, alma mía») aparecería a mitad de la página treinta y nueve (sustituido quizá por una frase que Nabokov situó en el segundo capítulo: «Mi muy fotogénica madre murió en un accidente absurdo [picnic, rayo]...»). En la edición de otro lector, esos mismos versos aparecerían al principio de la página 117. Esta *Lolita* empezaría así: «Vi su rostro en el cielo, extrañamente nítido, como si emitiese un débil resplandor». En una tercera versión, el dístico original serviría como cierre de la narración.

Qué se yo, quizá se hayan publicado algunas de esas incontables versiones, cada una con sus sutiles pero llamativos cambios. Eso explicaría, quizá, que el crítico del *Atlantic Monthly* dijese que el libro era «una de las novelas serias más divertidas que he leído», al tiempo que *Los Angeles Times* la declaraba «una pequeña obra maestra [...] una novela cómica casi perfecta» y el *New York Times Book Review* la considerara «técnicamente brillante [...] humor con mayúsculas»; mientras que Kingsley Amis vio en ella un libro tendente al «tedio, fatuidad e irrealidad» y Orville Prescott, en las páginas del *New York Times*, juzgó el argumento «tedioso, tedioso, tedioso».

¿Qué *Lolita* habían leído?

Juntos, el escritor y el lector componen un cuento infinito. El argentino Julio Cortázar creó una novela en la que este principio queda explícito. *Rayuela* se publicó hace ahora cincuenta años, no mucho después de *Lolita*. Contiene 155 capítulos (algo más de 550 páginas) que pueden leerse de dos maneras muy diferentes. El lector puede optar por empezar en el primer capítulo y leer el libro en orden hasta el capítulo cincuenta y seis (se acepta que los capítulos de las 200 páginas restantes son «prescindibles»), o bien puede empezar por el capítulo setenta y tres, pasar luego al capítulo uno, leer también el dos y saltar al capítulo ciento dieciséis, para volver al capítulo tres, adelantarse hasta el ochenta y cuatro y seguir saltando adelante y atrás de acuerdo con el «Tablero de dirección» que se incluye al principio del libro.

En uno de los capítulos «prescindibles», Cortázar describe el objetivo del libro.

Parecería que la novela usual malogra la búsqueda al limitar al lector a su ámbito, más definido cuanto mejor sea el novelista. Detención forzosa en los diversos grados de lo dramático, psicológico, trágico, satírico o político. Intentar en cambio un texto que no agarre al lector pero que lo vuelva obligadamente cómplice al murmurarle, por debajo del desarrollo convencional, otros rumbos más esotéricos.

Como cómplices de Cortázar, seguimos al bohemio argentino protagonista de la novela por las calles de París mientras examina su vida y los inabarcables caminos que puede seguir. Podemos empezar el libro en el capítulo uno, así: «¿Encontraría a la Maga?». O bien en el capítulo setenta y tres: «Sí, pero quién nos curará del fuego sordo, del fuego sin color que corre al anochecer por la *rue* de la Huchette...».

Pasar las páginas, leer historias diferentes. Por ejemplo, el lector que empiece en el primer capítulo pronto llegará a esta frase del capítulo cuarto: «La Maga se quedaba triste, juntaba una hojita al borde de la vereda y hablaba con ella un rato». Para otro lector, sin embargo, ese «capítulo cuarto» es en realidad el séptimo de la historia y le precede el sexto, que lleva por título «capítulo 84». En este puede leerse: «Me quedo pensando en todas las hojas que no veré yo, el juntador de hojas secas, [...] habrá hojas que no veré». Este pasaje enriquece la percepción que tiene el lector de la mujer que pocas páginas más adelante recogerá una hoja de la acera y empezará a hablar con ella.

Una de las consecuencias de leer de esta manera es el sentimiento de desorientación; el lector que avanza dando saltos no tiene la sensación de haber terminado el libro, porque lee las últimas palabras de la página final del libro bastante antes de llegar a la conclusión de la historia. Más adelante, llegado ya al capítulo centésimo quincuagésimo tercero (titulado «capítulo 131»), avanza al capítulo siguiente (titulado «capítulo 58») y descubre que debe volver al capítulo 131. Se establece entonces un bucle infinito entre los dos capítulos «finales». Y lo que es peor: suponiendo que haya llevado la cuenta, el lector comprobará que los capítulos leídos de esta forma solo suman 154. Uno de los capítulos («capítulo 55») no figura en la lista.

La estructura de *Rayuela* exige que el lector dé su propio sentido a la historia. Habrá quien decida leer los capítulos consecutivamente, pero en orden descendiente, empezando en el 155. Otro optará por leer los capítulos pares antes que los impares: dos, cuatro, seis, ocho... Uno, tres, cinco, siete... Un tercero hará lo mismo pero al revés, leyendo primero los impares y luego los pares. Un cuarto leerá solo los capítulos que sean números primos: dos, tres, cinco, siete, once, trece, diecisiete, diecinueve, veintitrés, veintinueve, treinta y uno..., hasta acabar en el ciento cincuenta y uno (en total, treinta y seis capítulos). Un quinto lector empezará por el primer capítulo, continuará en el tercero (1 + 2), pasará luego al sexto (1 + 2 + 3), y luego al décimo (1 + 2 + 3 + 4) y así sucesivamente.

Justo cuando el valiente lector ha llegado al final de una historia leída de una manera, otro sistema de lectura lo llama para que retome sus páginas y empiece de nuevo. El libro de capítulos ascendentes se convierte en un libro de capítulos descendentes. El libro de capítulos pares se convierte en un libro de capítulos impares. Cada lectura es diferente; cada lectura aporta algo nuevo. Es imposible sumergirse dos veces en el mismo libro.

Esto me recuerda la idea de Nabokov según la cual nadie puede leer un libro, solo puede releerlo. «Un buen lector, un lector serio, un lector activo y creativo es un relector». Las lecturas iniciales, continúa explicando Nabokov, son siempre trabajosas, «el proceso de aprender en términos espaciotemporales de qué trata el libro, es lo que se interpone entre nosotros y la apreciación artística».

Pensemos en las innumerables historias de Chéjov, en las innumerables ediciones de *Lolita* y *Rayuela*, al alcance de cualquier lector pero nunca vistas, nunca amadas, nunca leídas.

Flaubert, en una carta dirigida a su amante, escribía: «Qué sabios seríamos si conociésemos bien solamente cinco o seis libros». Me parece que incluso esa cifra es una exageración. Para aprender un número infinito de cosas nos bastaría con conocer a la perfección un solo libro.

La poesía de los números primos

Arnaut Daniel, a quien Dante ensalzó como «*il miglior fabbro*» ('el mejor artesano'), cantaba sus poemas de amor por las calles de la Francia meridional en el siglo XII. Poco se sabe de su vida, pero me gustaría vincular un breve y poco conocido apunte sobre el trovador con la sextina, la estrofa de seis versos y contera final creada por el propio Daniel.

Su coetáneo Raimon de Durfort dijo de Arnaut que era «un erudito cuya perdición fueron los dados». Esta supuesta pasión por el juego permite aventurar una posible influencia en la forma que adopta la sextina. Un dado, como todo el mundo sabe, tiene seis caras. Una tirada de dos dados crea un total de treinta y seis resultados posibles, cifra idéntica al total de versos en las seis estrofas del poema. Que yo sepa, nadie hasta ahora había establecido esta conexión entre la sextina y los dados, quizá porque no es una conexión especialmente meritoria. Dejo la decisión al respecto en manos del lector.

Lo que destaca en la sextina es que no se basa en la rima, el simbolismo, la aliteración ni en ninguno de los artificios habituales en los poetas. El suyo es el poder de la repetición. Las mismas seis palabras, repartidas al final de cada verso, persisten y permutan en todas las estrofas. La rotación de las palabras de cierre en cada verso es fija y sigue un complicado patrón:

Primera estrofa: 1 2 3 4 5 6
Segunda estrofa: 6 1 5 2 4 3
Tercera estrofa: 3 6 4 1 2 5
Cuarta estrofa: 5 3 2 6 1 4
Quinta estrofa: 4 5 1 3 6 2
Sexta estrofa: 2 4 6 5 3 1
Contera: 2 1, 4 6, 5 3

Como vemos, la última palabra del sexto verso de la primera estrofa (1 2 3 4 5 **6**) reaparece como la última palabra del primer verso de la estrofa siguiente (**6** 1 5 2 4 3) y cierra el segundo verso de la tercera estrofa (3 **6** 4 1 2 5), etcétera. Quizá resulte más claro si utilizo un ejemplo, como estos versos de Dante (en los que emplea las seis palabras «sombra», «montes», «hierba», «verde», «piedra» y «mujer»).

Al breve día, al gran cerco de sombra,
¡ay! he llegado, al blanquear de los montes,
cuando el color se esfuma de la hierba;
pero no cambia mi deseo el verde,
tan arraigado está en la dura piedra
que siente y habla igual a una *mujer*.

Está de tal manera esta *mujer*
helada, como está la nieve en sombra,
que no conmueve, cual si fuera piedra,
el suave tiempo que entibia los montes
y los hace mudar del blanco al verde,
cubriéndolos de flores y de hierba.

Si ella se ciñe guirnaldas de hierba
borra en la mente a toda otra *mujer*;
pues al trenzarse el rizo rubio al verde

es tan bella, que Amor viene a su sombra:
que me ha encerrado entre pequeños montes
mejor que en muros de maciza piedra.

En su belleza hay más virtud que en piedra,
su herida no se cura con la hierba:
he huido por llanuras y por montes,
he querido escapar de tal *mujer*,
no hay, que me salve de su lumbre, sombra
de cumbre, o muro alguno, o fronda verde.

Yo la he visto vestida toda en verde,
tan compuesta, que hacer pudo de piedra
al amor que yo siento aun por su sombra;
por él yo le rogué en prado de hierba
enamorada, como una *mujer*,
rodeado por un cerco de altos montes.

Mas volverán los ríos a los montes
antes de que este leño tierno y verde
arda, cual suele hacer bella *mujer*
por mí, que dormiría sobre piedra
toda mi vida, y pacería hierba,
solo por ver de su pisar la sombra.

Aunque los montes den más negra sombra,
bajo el hermoso verde la *mujer*
la encubre, como piedra entre la hierba.

Hay un algo expectante presente a lo largo de todo el poema: puesto que el lector sabe lo que ha de venir, el texto debe
corresponder al desafío y seguir sorprendiendo. La sextina juega con el sentido, dando nuevos matices a una misma palabra

en contextos cambiantes. La tensión entre la ley del patrón numérico y la libertad del autor está siempre presente, siempre tangible.

Artistas y matemáticos se han sentido atraídos por las características de la sextina. En su maravilloso libro *Descubrir patrones en las matemáticas y la poesía*, la matemática Marcia Birkin y la poetisa Anne C. Coon comparan la rotación de las palabras en una sextina con el desplazamiento de los dígitos que componen un número cíclico.

Los números cíclicos están relacionados con los números primos. La división entre determinados números primos (como 7, 17, 19 y 23) produce secuencias decimales (los números cíclicos) que se repiten de manera infinita. Por ejemplo, al dividir uno entre siete (1/7) se obtiene la expansión decimal 0,142857142857142857..., en la que las seis cifras 142857 (el menor de los números cíclicos) se suceden una y otra vez en una iteración sin fin.

Si multiplicamos 142.857 por cada uno de los números menores que siete, veremos que los resultados son permutaciones de los mismos seis dígitos.

$$1 \times 142.857 = 142.857$$
$$2 \times 142.857 = 285.714$$
$$3 \times 142.857 = 428.571$$
$$4 \times 142.857 = 571.428$$
$$5 \times 142.857 = 714.285$$
$$6 \times 142.857 = 857.142$$

En este ejemplo, la cifra 7 que aparece al final de la primera respuesta (142.857) reaparece en cuarta posición en la segunda respuesta (285.714) y en quinta posición en la tercera (428.571). Cada dígito rota en cada una de las respuestas, del mismo modo que las palabras finales en las estrofas de una sextina.

En la sextina nada se deja al azar. Las palabras finales de cada estrofa están alineadas de inmediato, y su posición, determinada desde antes de que comience el poema. Podríamos describir la estructura de la sextina en términos algebraicos (a partir de la segunda estrofa) de la siguiente manera:

{n, 1, n-1, 2, n-2, 3}, donde n se refiere al número de estrofas (seis).

Así, tras la primera estrofa (1 2 3 4 5 6) es la sexta palabra final (o, en términos de nuestra fórmula, la enésima) la que pone fin al primer verso de la segunda estrofa:

6 ....

Le sigue la primera palabra, al final del segundo verso de la segunda estrofa:

6 1 ....

A continuación la enésima (sexta) menos una, es decir, la quinta palabra, al final del tercer verso:

6 1 5 ....

Luego, la segunda palabra cierra el cuarto verso:

6 1 5 2 ......

Y a continuación la enésima (sexta) palabra menos dos, es decir, la cuarta palabra cierra el quinto verso:

6 1 5 2 4 ...

Por último, la tercera palabra pone fin al sexto verso:

6 1 5 2 4 3

El mismo patrón se aplica al resto de estrofas que sigue, de modo que el primer verso de la tercera estrofa termina en la enésima (esto es, sexta) palabra final de la segunda estrofa (en esta ocasión, 3) y luego el segundo verso termina en la primera palabra (6 en este caso); la última palabra del tercer verso es la sexta menos una (la quinta, es decir, 4); etcétera.

No sabemos de qué modo concibió nuestro trovador medieval este ingenioso patrón. Lo más probable es que su familiaridad con el ritmo de las palabras y la música le fuesen de ayuda. En una de las pocas canciones que ha llegado hasta nosotros de cuantas escribió afirma:

Oigo dulces gorjeos, gritos, cantos,
sones y vueltas de los pájaros en su latín,
cada uno con su pareja, así como hacemos nosotros
con las amigas de quienes estamos enamorados;
y yo, prendado de la más gentil,
debo, más que ninguno, hacer canto de tal construcción
que no haya en él palabra falsa ni rima suelta.

Por supuesto, es muy posible que la decisión de Arnaut de plantarse en seis estrofas, y no en cinco o siete, fuese tan aleatoria como una tirada de dados. De hecho, un puñado de autores ha tenido cierto éxito en la composición de *tritinas* (compuestas por tres estrofas) y *quintinas* (compuestas por cinco). Raymond Queneau, poeta francés con una querencia por la generalización más propia de un matemático, quiso comprender el funcionamiento de este patrón y exploró la forma hasta sus límites. En la década de 1960 calculó que solo determinados números de estrofas podían permutar como las palabras de una sextina. Un poema de cuatro estrofas, por ejemplo, generaría chirriantes alineaciones de la misma palabra.

{n, 1, n-1, 2}

Primera estrofa: 1 2 **3** 4
Segunda estrofa: 4 1 **3** 2
Tercera estrofa: 2 4 **3** 1
Cuarta estrofa: 1 2 **3** 4

Lo mismo sucedería con un poema de siete estrofas:
{n, 1, n-1, 2, n-2, 3, n-3}

Primera estrofa: 1 2 3 4 **5** 6 7
Segunda estrofa: 7 1 6 2 **5** 3 4
Tercera estrofa: 4 7 3 1 **5** 6 2
Cuarta estrofa: 2 4 6 7 **5** 3 1
Etcétera.

Tras un largo periodo de ensayo y error, Queneau pudo determinar que solo treinta y uno de los números inferiores a 100 generaban los patrones de la sextina. Esta observación ayudó a los matemáticos a descubrir una sorprendente relación entre la sextina y los números primos. Los poemas que contienen tres o cinco estrofas se comportan como las seis estrofas de una sextina, ya que 3 (o 5, o 6) × 2 + 1 siempre equivale a un número primo. Por la misma razón, es posible escribir poemas análogos a la sextina con once, treinta y seis o noventa y ocho estrofas, pero no con diez, cuarenta y cinco o cien.

Las sextinas no son la única forma poética a la que dan forma los números primos. Los haiku japoneses, breves y oblicuos, también derivan su fuerza de estos números.

Existe entre los japoneses una predisposición tradicional a la brevedad. En el mejor de los casos, si uno se interesa por el «Shakespeare japonés» o el «Stendhal japonés» solo recibirá miradas de incomprensión. La poesía épica oriental cayó en el olvido absoluto aproximadamente en la misma época en la que el vikingo Snorri Sturluson daba los últimos toques a su saga. Los cortesanos del periodo Heian (correspondiente a los siglos VIII-XII, y considerado en Japón uno de los momentos más destacados de su historia) componían piezas extensísimas en las que se concatenaban decenas de versos cortos de diferentes autores. Sin embargo, solo los dignatarios tenían el derecho de comenzar estos poemas en cadena con tres versos originales (llamados *hokku*). Además de imágenes de amor romántico e introspección, los versos iniciales incluían siempre una referencia a las estaciones y una exclamación como *ya* (equivalente a un símbolo de exclamación) o *kana* («¡qué...!», «¡cuán...!»). Con el tiempo, sin embargo, esta sucesión de poemas en miniatura cuidadosamente labrados acabó resultando excesivamente voluminosa para el gusto japonés, y la repetición a lo largo de generaciones fue erosionándolos hasta dejarlos en los tercetos que hoy conocemos como haiku.

Al igual que la sextina, el haiku no utiliza la rima. Sus tres versos contienen cinco, siete y cinco *onji* (sílabas): diecisiete en total. El tres, el cinco y el siete son los primeros números primos impares. También el diecisiete es número primo.

Una posible (aunque incompleta) explicación de esta estructura podemos encontrarla en la marcada preferencia que los japoneses sienten por los números impares. En el festival Shichigosan (siete-cinco-tres) que se celebra cada año, niños y niñas de tres años, niños de cinco y niñas de siete acuden a los santuarios a celebrar su crecimiento. En los acontecimientos deportivos, los hinchas aplauden siguiendo el patrón rítmico tres-tres-siete. A los pares, en cambio, poco les falta para ser considerados gafes. El dos es símbolo de separación, mientras que el cuatro se asocia a la muerte. En varias expresiones, el seis puede traducirse aproximadamente como «inútil».

Los números primos contribuyen a la simplicidad formal del haiku. Cada palabra, cada imagen requiere nuestra atención completa. El resultado es una impresión de percibir algo de manera súbita y sorprendente, como si el objeto que aborda el poema hubiera sido puesto en palabras por primera vez. Quizá podamos ilustrarlo con un ejemplo del más destacado representante de esta modalidad poética, el poeta del siglo XVII, Matsuo Basho.

Michinobe no
Mukuge wa uma ni
Kuwarekeri

La flor de malva | en el margen del camino | la come mi caballo

Existe también una versión ligeramente más larga del haiku, el *tanka*, que complementa los tres versos de haiku con otros dos de siete sílabas cada uno (conocidos como *shimo-no-ku* o «frase menor»). La suma total de sílabas del *tanka*, treinta y una, es una vez más un número primo.

Basho, cuyo nombre es hoy sinónimo de haiku, habla de varias influencias en su obra, pero la principal fue la de un monje errante llamado Saigyo, que vivió en la época de Arnaut Daniel y autor de algunos de los mejores *tanka*. Algo de la evocadora sencillez del maestro puede apreciarse en la siguiente composición:

Michi no be ni
Shimizu nagaruru
Yanagi kage

Shibashi to te koso
Tachidomaritsure

En el prado junto a la vía | donde fluye agua pura y cristalina | crecía un sauce | me detuve unos instantes | allí, a descansar a su sombra

Al parecer, la imagen del sauce de Saigyo arraigó en la imaginación de muchas generaciones de poetas. Unos cinco siglos tras la composición del poema, Basho decidió peregrinar hasta su escenario, situado en el norte. En su diario de viaje, anotó que «el sauce sobre el que escribió Saigyo su famoso poema sigue junto a un campo de arroz en la aldea de Ashino. El señor Koho, que gobernaba esta región, siempre había querido enseñármelo, y yo estaba ansioso por conocer su ubicación. Hoy he tenido la suerte de llegar junto al árbol».

El homenaje de Basho concluía con un haiku dedicado al árbol de Saigyo:

Ta ichimai
Uete tachisaru
Yanagi kana

Sobre todo un campo | han plantado arroz antes | de que deje el sauce

Pienso en la complicidad entre poemas y números primos y se me ocurre que quizá lo único sorprendente en ella es que nos parezca sorprendente. Según se mire, es una relación perfectamente coherente. La poesía y los números primos tienen mucho en común: una y otros son impredecibles, difíciles de definir y con múltiples significados, igual que la vida.

Demasiado a menudo se pasa por alto esta similitud con la vida que ambos comparten. Es cierto que muchos poemas enmohecen tristes en viejas antologías; muchos números primos languidecen también en los cálculos de los matemáticos. Escudriñados y diseccionados por sus respectivos expertos, escapan a la atención (y el afecto) del público por culpa de sus académicos acompañantes.

Y pese a ello, podemos ver perfectamente a la mujer de Dante deambular por nuestra memoria; y el caballo de Basho suena más que real a nuestros ojos y oídos, mientras masca su flor. Libres (como un número primo) de la presencia reconfortante de la rima y de las reglas de un libro, las imágenes esquivan y rehúyen nuestras expectativas, manteniendo a raya todo cliché.

Los poemas y los primos resultan difíciles de interpretar. Pocas veces puede verse a simple vista si tal número es divisible, o si tal texto es verdaderamente poético. Ni siquiera a los expertos les resulta fácil distinguir entre la lírica genuinamente sentida y una manida serie de palabras rimbombantes o eufónicas, o decidir si un número compuesto no es en realidad más que un pastiche de números primos menores.

La sextina de Dante, los haiku y el ir y venir de los primos nos obliga a preguntarnos: ¿qué significan? Cuando termina el poema ¿estamos más próximos a esa mujer en cuya belleza «hay más virtud que en una piedra»? Su rostro cambia con cada estrofa y nos ofrece múltiples perspectivas. ¿Y qué hay del sauce de Saigyo, que al mismo tiempo ofrece sombra y reflexión?

Lo mismo sucede con los números primos: son un viejo misterio matemático. Treinta y uno, el número de sílabas de un *tanka*, es un primo gemelo (está a una distancia de dos del primo más próximo, el veintinueve) y también un número primo de Mersenne (por ser uno menos que una potencia de 2: $(2 \times 2 \times 2 \times 2 \times 2) - 1$), pero tales etiquetas no ofrecen ni de lejos una explicación satisfactoria. Y eso se debe a que no sabemos por qué los números primos aparecen allí donde lo hacen. Existen muchas conjeturas, ninguna de ellas demostrada. El lector de poesía y el matemático, en última instancia, disponen solo de indicios y fragmentos, pero no de una imagen de conjunto. Como en la vida.

Todas las cosas se han creado desiguales

A diferencia de la diabetes o del pelo rizado, la pobreza rara vez salta una generación. El saldo bancario de los padres a menudo es mucho más determinante que la sangre en el destino del niño. Las madres rubias a veces engendran niños morenos; los hombres altos no siempre tienen profesionales del baloncesto entre sus descendientes; pero más de noventa veces sobre cien, los pobres dan a luz a otros pobres.

Yo soy hijo de padres pobres, de abuelos pobres, de bisabuelos pobres, etcétera. He heredado unas cuantas historias espeluznantes de privaciones. Una de ellas me la contó mi padre a comienzos del año 2000, poco después de que yo hubiese abandonado el nido familiar para iniciar mi carrera como aprendiz en el mundo adulto. Vivía en una casa al sur de Londres que pertenecía a otra persona. Era la primera vez que compartía vivienda con un extraño. La casa no era precisamente encantadora. Pequeña, aislada y escasamente amueblada. En mi minúscula habitación, dormía en un sofá cama de un verde pálido como de planta cultivada a la sombra. Subsistía con la alimentación habitual de cualquier estudiante: pasta, bocadillos y tostadas con judías de lata.

A veces recibía llamadas de mis padres. Una noche llamó mi padre y mantuvimos una larga conversación. Tengo que reconocer que sus ganas de hablar me sorprendieron. Nunca había sido muy dado a explicar sus cosas, así que ¿por qué me hacía aquellas confidencias? ¿Buscaba la compasión de su hijo mayor?, ¿un paseo acompañado por los senderos de la memoria? No lo sé. Llevábamos un rato hablando de cosas triviales cuando de repente me dijo:

—De niño nos mudamos muchas veces.

—¿Cómo dices?

—Mis padres; bueno, mi madre y su marido. Es una historia muy larga.

Y sin más, con voz serena, me contó la historia de su vida. La contó con tanta sencillez y precisión que, aunque no lo comprendí hasta mucho más tarde, debió de haber ensayado aquel momento durante bastante tiempo. Mientras lo escuchaba sabía que no debía interrumpirlo con preguntas o comentarios. Me hablaba, como se suele decir, con el corazón en la mano; ese hombre (mi padre) me contaba a mí (su hijo) cosas que creía importante que yo supiera.

Una escena en particular me llamó la atención. Una tarde de verano, mi padre (que por entonces tendría unos diez años) y sus padres volvían a casa después de una excursión a la feria local. Cuando llegaron a casa comprobaron que alguien había modificado extrañamente el aspecto del jardincito de la vivienda. Mi padre se adelantó corriendo y lo que vio lo dejó anonadado: las mesas y las sillas, las sartenes y las ollas, las camas y las lámparas habían sido evacuadas de la casa, amontonadas en una enorme pila. Los muebles habían sido apilados al buen tuntún. En la puerta, un candado les impedía el paso.

Yo podría haber preguntado entonces: «¿por qué el propietario no les dio a los abuelos más tiempo para saldar la deuda?», pero no dije nada. La visión de los muebles abandonados en el jardín me causó una profunda impresión. Era la imagen de un hogar puesto del revés: toda intimidad destruida, todos sus secretos destripados. Tuvo que ser terrible ver allí fuera las lámparas inútiles, las largas patas desnudas de las mesas y las embarazosas y amarillentas cartas guardadas en el cajón entreabierto del escritorio. La escena se me hizo tan vívida que se me saltaron las lágrimas.

Mi padre nació en 1954, un año después de la coronación de la reina Isabel. Mis abuelos fueron expulsados de su hogar diez años más tarde, en plena década de los sesenta, los años de «paz y amor». En su libro *Los pobres y los más pobres*, publicado en 1965, los sociólogos Peter Townsend y Brian Abel-Smith calcularon que durante aquel decenio, el primero de la vida de mi padre, el porcentaje de ciudadanos británicos que vivían bajo el umbral de la pobreza casi se había multiplicado por dos, pasando de un ocho a un catorce por ciento de la población.

En 1979, el año que nací yo, Peter Townsend publicó otro estudio, *La pobreza en el Reino Unido*, en el que demostraba que la pobreza relativa afectaba las vidas del veintiún por ciento de la población, una cifra que desde entonces parece haber permanecido más o menos estable.

Una estadística más, esta de 2008, en la que se describe a la generación posterior a la mía: según la London School of Economics, la riqueza acumulada por el diez por ciento más rico de la población centuplica ya la que tiene el diez por ciento más desfavorecido.

La desigualdad engendra envidias. También es universal. De acuerdo con los datos del estudio, ningún país escapa a ella. Cada nación tiene su parte de chabolas y de hoteles de cinco estrellas. La idea de la «sociedad sin clases» ha demostrado una y otra vez ser una entelequia. Los simpatizantes occidentales de la Unión Soviética en la década de 1930 se sintieron decepcionados al comprobar que la Revolución de octubre apenas había «abolido» la disparidad entre ricos y pobres. Cero en unidades imperiales seguía siendo cero en el sistema métrico.

Al mismo tiempo, los dirigentes del Kremlin, bajo sus almidonados uniformes pardos, seguían llevando los ropajes del emperador ajusticiado.

Pero dejando de lado las estadísticas, me pregunto si los matemáticos pueden hacer algo más con el fenómeno de la disparidad que simplemente medirlo. Me pregunto si serían capaces de explicarnos en qué consiste la disparidad: ¿de dónde procede? ¿Qué hace que aumente o disminuya? ¿Puede el pensamiento matemático dar respuesta a preguntas de ese tipo?

Sí, puede. Las matemáticas y el dinero son, en última instancia, abstracciones. Igual que sucede con las matemáticas, debemos el concepto de dinero a los antiguos griegos. Ellos fueron los primeros que concibieron la abstracción de «cinco» a partir de los dedos de la mano y fueron también los primeros en estampar un «cinco» sobre monedas de metal. Y así como el concepto de «cinco» pasó de los dedos que lo habían descrito a ser de aplicación universal (personas, migas de pan, ensoñaciones) para cosas de esa cantidad, el «valor» de la moneda superó al del metal del que estaba compuesta y adquirió la capacidad de transformarse en cualquier cosa de un valor consensuado como equivalente.

Para bien o para mal, el mundo cambió cuando empezamos a sustituir los objetos por números. De repente, todo pasó a ser cuantificable: incluso la luz de la luna, de la que Aristófanes, en una de sus piezas teatrales, afirma que ahorra a los ciudadanos una dracma al mes en concepto de antorchas. Anteriormente, el trueque y el intercambio de obsequios reglaban todas las transacciones en Atenas, a partir de entonces, la mayoría de los tratos sociales podía resumirse en sumas. La reciprocidad entre ciudadanos cedió ante la acumulación potencialmente ilimitada de la «riqueza» individual. Qué familiar nos resulta el lamento de Aristóteles en su *Política* cuando leemos que algunos doctores han transformado su talento en el arte de ganar dinero. Sófocles va más allá, y pone en boca de uno de sus personajes una furibunda denuncia del dinero como el elemento «capaz de arrasar ciudades enteras, de expulsar a los hombres de sus hogares» e incluso «de adoctrinar y transformar las mentes biempensantes [...] para que aprendan a conocer todos los actos impíos».

El carácter abstracto del dinero le permitió adquirir la neutralidad impersonal de los números. Los bienes ya no reflejaban la generosidad o personalidad del donante; el cálculo ocupó el lugar de los sentimientos. La autonomía individual creció, pero con ella creció también el egoísmo que hace del dinero la medida de todas las cosas. Y como los números abstractos, el dinero se hizo invisible. Las monedas podían esconderse más fácilmente que las vacas. Licurgo, rey de Esparta, decidió que la única manera de combatir la «injusticia» de que los ricos escondieran su fortuna era estableciendo una moneda tan grande y pesada que fuera necesario un carro para transportar solo diez de ellas.

Puesto que los números pueden crecer indefinidamente, el dinero es ilimitado. Aristófanes dice que las personas nunca tienen riqueza suficiente. El pan, el sexo, la música, el valor, todos acaban por saciar el apetito que los precede, pero no la riqueza. Es imposible poner freno al deseo de dinero. Si un hombre recibe trece monedas, se esforzará por conseguir dieciséis, y cuando las tenga, pensará que la vida es insufrible mientras no obtenga cuarenta. La naturaleza ha establecido límites bastante estrictos en la estatura y la edad de las personas, de modo que incluso en los casos más extremos nadie puede destacarse desmesuradamente por exceso o por defecto, sin embargo, tales limitaciones no existen para el dinero. Pensemos en el rey Creso que tenía tanto oro que lo regalaba. Precisamente a Creso fue a quien Solón el legislador advirtió: quien mucho tiene, mucho tiene que perder.

Esto me recuerda una historia que oí una mañana en la radio, hará cosa de dos años: una rica heredera parisina de edad avanzada, persuadida por un hombre mucho más joven, había llevado a cabo extravagantes gestos de generosidad. Por supuesto, la historia pronto llegó a la prensa escrita y pude leer todos los detalles en las páginas de mi periódico habitual. Al parecer, entre arrumaco y arrumaco, a la multimillonaria la habían despojado de cuadros de Munch, Picasso y Matisse; también la engatusaron para que donara preciosos volúmenes y manuscritos y, en suma, la engañaron para que gastara varias decenas de millones de euros en regalos a lo largo de varios años.

¡Pobrecita!

Creo que debo mencionar que Solón fue el primer hombre de la historia que redactó leyes para luchar contra la desigualdad. A través de Plutarco sabemos que en vida de Solón la mayoría de los atenienses se había endeudado con los aristócratas más ricos de la ciudad. Algunos fueron vendidos como esclavos, otros tuvieron que entregar a sus hijos como garantía, y otros incluso huyeron con sus familias al exilio. Cuando fue elegido arconte, dividió a los habitantes de la ciudad en tres categorías y otorgó a cada una de ellas responsabilidades y derechos proporcionales. La clase superior estaba compuesta por todos aquellos con ingresos superiores a las quinientas fanegas. La segunda clase correspondía a los ciudadanos capaces de permitirse un caballo (y que consecuentemente debían pagar un «impuesto equino» al adquirirlo). Los hombres con una yunta de bueyes e ingresos anuales de entre doscientas y trescientas fanegas integraban la tercera clase. Liberados del miedo a la esclavitud, el resto de ciudadanos sin tierras pudo entonces asistir por primera vez a las asambleas públicas y formar parte de los jurados.

Podemos expresar la distribución de la riqueza en cualquier

sociedad mediante una fórmula, empleando para ello un número x comprendido entre el 50 y el 100, de tal manera que un x por ciento de la riqueza de la propiedad pertenezca al $(100 - x)$ por ciento de la población. En una sociedad particularmente igualitaria (en la que x valga 55 o 60, por ejemplo), el cuarenta y cinco por ciento (o cuarenta) de la población posee el cincuenta y cinco por ciento (o sesenta) de la riqueza. La mayoría de las sociedades occidentales, sin embargo, mantienen una distribución mucho más desequilibrada. Los economistas han comprobado que en la mayoría de los países desarrollados, x es una cifra en torno a 80, lo que significa que el ochenta por ciento de la fortuna de esas sociedades pertenece solo a un veinte por ciento de sus integrantes.

Como es natural, la repartición variará de una persona a otra. El dinero es caprichoso y cambia constantemente de propietario. Que distintas personas tengan una riqueza dispar no debe sorprendernos. Lo que sí resulta sorprendente es la escala y la constancia de la divergencia. El economista y matemático Vilfredo Pareto fue el primero en observar, a finales del siglo XIX, que un veinte por ciento de los italianos estaba en posesión del ochenta por ciento de la riqueza nacional, y encontró resultados casi idénticos cuando analizó los datos históricos de otros muchos países de Europa. Así, descubrió que la distribución de la riqueza en París apenas había cambiado desde 1292. Investigadores posteriores han corroborado sus observaciones.

Dado que la mayoría de los hombres y mujeres, por carecer de recursos, se quedan en lo más bajo del escalafón, la élite, al no existir competencia, permanece en lo más alto. Los más pobres consagran todas sus energías a subsistir. Me viene a la memoria aquel cuadro de las planchadoras de Degas: la una anónima, encorvada sobre la plancha, mientras la otra bosteza inocentemente con la boca formando una O. El bostezo deforma sus rasgos y rompe la individualidad de su rostro.

Como hemos visto, el espartano Licurgo fabricó dinero del tamaño de un hombre; imaginemos por un instante a hombres del tamaño de su dinero. Valga como ejemplo la diferencia entre un molinero y un millonario. El hombre que muele el grano quizá no posea más de una milésima parte de la fortuna del hombre rico; el millonario, si transformamos su ventaja en estatura, sería mil veces más alto, y a sus ojos, el molinero no sería mayor que una hormiga. ¿Con quién podría hacer negocios este gigante? Solo con alguien lo suficientemente grande y fuerte como para cargar con el peso de su empleador. Este empleado, aun siendo más pequeño que el millonario del que depende, es muchísimo más voluminoso que la hormiga que muele el grano. ¿Y en manos de quién pondrá sus asuntos? En las de sus iguales, que, por su parte, harán lo mismo. Los buenos modales y el compromiso caracterizan la mayor parte de estas transacciones, pero casi nadie piensa en rebajarse al nivel de aquellos con los que apenas tiene nada en común. Nuestro amigo el hormiguita resulta invisible a sus ojos.

Tanto da en qué posición de esta distribución se encuentre, cualquier persona prefiere mirar hacia arriba antes que hacia abajo. Incluso el molinero prefiere tenderle la mano a su igual y a sus superiores, antes que a alguien en situación muy inferior, por miedo a rebajar su rango a la altura de los que están peor que él. Con los más ricos es generoso; con los pobres, avaro. Tiene poco, pero lo poco que tiene lo destina exclusivamente a mantener su mediocre posición.

Por supuesto, las comparaciones suelen ser simplistas. Al lado de un multimillonario, hasta los millonarios son pobres. La centésima persona más rica del mundo no tiene sino un dólar por cada ocho en poder del hombre más rico del planeta.

Tanto si la economía se expande como si se contrae, la obsesión de «mantener la posición» persiste. La desigualdad de la que se nutre esta obsesión aprende rápidamente: cuanto mayor sea, más rápido crecerá. Tomemos por ejemplo nuestra hipotética sociedad igualitaria donde el cuarenta y cinco por ciento de la población posee el cincuenta y cinco por ciento de la riqueza. En una sociedad así, un veinte por ciento aproximado (el cuarenta y cinco por ciento del cuarenta y cinco por ciento) de los ciudadanos tiene en su poder aproximadamente el treinta por ciento (el cincuenta y cinco por ciento del cincuenta y cinco por ciento) de los recursos totales. De acuerdo con esa misma lógica, una sexta parte de los bienes de la sociedad (cincuenta y cinco por ciento del treinta por ciento) está en manos de uno de cada once ciudadanos (cuarenta y cinco por ciento del veinte por ciento).

El contraste entre esta sociedad hipotética y la mayoría de las ciudades modernas (aquellas en las que se cumple el principio 80/20 de Pareto) resulta muy llamativo. En ellas, la riqueza se propaga de manera más despiadada y evidente: las cuentas de tan solo cuatro individuos de cada cien (veinte por ciento del veinte por ciento) se inflarán con hasta dos tercios (ochenta por ciento del ochenta por ciento) de todos los ingresos disponibles. Y de esos cuatro que nadan en la abundancia, el más rico de todos puede que tenga la mitad del dinero para él solito (ochenta por ciento de dos tercios).

El ser humano y su egoísmo son inseparables, pero la desigualdad solo puede inventarla una sociedad. La creación de todo proyecto social amplio y ambicioso exige una distribución desigual de los recursos para poder alcanzar sus objetivos. Sin una desigualdad considerable, tal y como señalaba John Maynard Keynes, los ferrocarriles europeos («monumento a la prosperidad») no se habrían construido nunca. Tolstói, entre otros, aborrecía el ferrocarril precisamente porque representaba la desigualdad; lo odiaba tanto que arrojó a su personaje preferido bajo las ruedas de un tren homicida. Es cierto que la mayoría de los que pusieron las vías del ferrocarril nunca tuvieron oportunidad de viajar en él. ¿Por qué, entonces, aceptaron construirlo? Según Keynes, los ferroviarios optaron por cooperar con los ricos en virtud del acuerdo tácito de que lo que iban a producir juntos, mediante el capital de unos y el trabajo de los otros, serviría al conjunto de la nación y sería el principio del «progreso». La Guerra Mundial, sin embargo, destruyó la frágil alianza entre las clases al dinamitar la fe que pudiesen tener unos y otros en el futuro. El azote de las bombas y el fuego de las ametralladoras dejaron patente «la posibilidad de la consunción [...] y la vanidad de pretender abstenerse».

Cuando Keynes hablaba del valor de la desigualdad no se refería a una desigualdad incontrolada. Se refería más bien a una desigualdad consensuada, al servicio de un propósito colectivo. Admitía que la motivación egoísta de ganar dinero servía para producir bienes y servicios que beneficiaban a mucha gente. Esa misma motivación podría también transformar determinadas «propensiones humanas peligrosas» (la crueldad, la autoexaltación y el ansia tiránica de poder) en actividades más inofensivas. Eso no quiere decir en absoluto que fuese complaciente.

> Pero para estimular estas actividades y la satisfacción de estas inclinaciones no es necesario que se practique el juego con apuestas y riesgos tan grandes como ahora. Apuestas y riesgos pueden servir para esta función, con el mismo resultado, tan pronto como los jugadores se acostumbren a ellos. La tarea de administrar la naturaleza humana, no de transformarla.

Dejaré que los políticos se encarguen de rebajar esas apuestas, aunque no tengo excesivas esperanzas de que lo hagan. No hay solución sencilla; no, al menos, de una sencillez análoga a las promesas de un político. El carácter abstracto del dinero hace de él una cuestión compleja y evasiva que pone el mundo patas arriba. Por ejemplo: la vaca de un granjero tiene terneros con mucha mayor frecuencia que otras reses. Es algo normal, natural. Pero ¿qué debemos pensar de casas que engendran nuevas casas? Como muchas de las personas que nacieron pobres, mi padre nunca tuvo oportunidad de ser dueño del techo bajo el que se cobijaba, mientras que el dueño de cuatro casas muy posiblemente acabe teniendo seis, o doce, o veinte.

Todo esto nos lleva a la pregunta que Tolstói planteaba a sus lectores en la novela ¿*Cuánta tierra necesita un hombre?* Pahom, el campesino avaricioso, acaba matándose en su interminable afán por adquirir más y más terreno.

«Son pobres en medio de la riqueza», comentaba Séneca de algunos de los ciudadanos más pudientes (y codiciosos) de Grecia, «y esa es la peor clase de pobreza».

Un modelo de madre

No hace mucho, la edad de mi madre duplicó la mía. Dos vidas, comparadas con la breve existencia que he conocido: hay una mitad de ella que no puedo ver.

Mi madre siempre ha sido un misterio para mí. Hemos tenido toda mi vida para llegar a conocernos, pero no me parece que haya sido suficiente, ni mucho menos. Su comportamiento se me escapa: mi capacidad de comprensión no basta. Por más que lo intento, no soy capaz de entenderla.

Su cara no ha cambiado demasiado con los años. A menudo tiene una expresión que oscila entre la suficiencia y el miedo. Los mismos pliegues obstinados alrededor de la boca consecuencia de las muchas veces que la frunce, el mismo brillo desafiante en la mirada. Sonríe a ráfagas, inesperadamente, como si te estuviera haciendo un favor. Bajo las arrugas y los finos cabellos canosos, aún soy capaz de reconocerme en ella.

Recuerdos. La cocina de mi infancia, por ejemplo, en la que mi madre pasaba la mayor parte del día. La recuerdo yendo y viniendo, recorriendo el suelo de linóleo a zancadas, armada con un bolígrafo y una libreta, atenta al menor ruido y suspicaz siempre ante la más mínima incursión. Estaba haciendo la lista de la compra. En aquel momento husmeaba por los armaritos y la nevera, buscando las latas de judías y las botellas de leche y los paquetes de queso y pan de molde que había comprado solo uno o dos días antes. En su lugar solo encontró el vacío.

—Estos niños van a comerse la casa entera con nosotros dentro —se quejó a mi padre. Él respondió con aire resignado.

Nosotros, los niños, sabíamos cuál de los dos llevaba las riendas de la casa. O al menos pensábamos que lo sabíamos. En otras ocasiones, a mi madre le entraba un ataque de timidez y se ruborizaba por cualquier cosa. Mi padre apenas podía sacarle una palabra.

Y luego estaba lo de los regalos de Navidad. A lo largo de todo el año se dedicaba a escarbar por los mercadillos locales en busca de gangas: juegos y juguetes que luego ocultaba en los armarios y debajo de las camas hasta que por casa pasaba el trineo de Papá Noel. Evidentemente, nosotros siempre supimos dónde encontrarlos, pero imbuidos por el espíritu de la festividad nos hacíamos los locos. No era fácil: a veces parecía que en cada rincón de cada habitación había un tesoro enterrado. ¿Por qué, entonces, sacábamos a la luz regalos sin abrir muchos diciembres más tarde? ¿Los había extraviado? ¿O quizá el acto de comprarlos era más importante para ella que el de ofrecerlos?

Un matemático diría: «Haz una gráfica con los datos». Así hablan los matemáticos. Y es cierto: a menudo hay que tomar distancia y conocer bien el contexto para comprender los acontecimientos desconcertantes. Siendo todavía un niño decidí que, si conseguía reunir suficientes recuerdos y establecer los parámetros necesarios para analizarlos, podría crear un modelo con el que predecir el comportamiento de mi madre.

Por entonces fue cuando empecé a parecerme a ella, más o menos cuando la pizarra de mi clase de primaria empezó a difuminárseme. En cierto modo nuestra miopía nos acercó. «El niño de mamá», me llamaba a veces mi padre. Ninguno de mis hermanos mereció nunca ese epíteto. Cada vez pasaba más tiempo con ella, y tomaba mayor conciencia del enigma de su presencia.

En aquella época era bastante más delgada y estaba siempre de aquí para allá. Yo empecé a cartografiar sus movimientos. Los sábados por la mañana, mi madre volvía de la biblioteca municipal cargada con varias novelas románticas en edición de bolsillo que olían levemente a moho. Sentado en el salón frente al televisor, podía pasar horas escuchando a medias a mi madre pasar las amarillentas páginas, aposentada en el sofá. Cada dos domingos se arreglaba y nos llevaba a mi hermano, a mi hermana y a mí a casa de los vecinos, a la vuelta de la esquina, para tomar té e intercambiar cotilleos. A media semana hacía la ronda de las tiendas de segunda mano y volvía a casa con bolsas repletas de cosas que al parecer nadie necesitaba.

Puede que notase el espionaje al que la sometía y quisiera pillarme in fraganti, o quizá es que simplemente le aburría la rutina: en cualquier caso, a veces decidía revolverlo todo. Llegado el sábado, en el salón se respiraba el mismo ambiente, pero el olor a mustio provenía de las páginas de baqueteadas biografías. La puerta principal no se abría en el día del Señor, o íbamos a tomar el té con la vecina un día después del colegio. Incluso sus tiendas favoritas no le valían más que para ir a devolver los objetos comprados.

Una tarde me llevó con ella a devolver unos zapatos. De camino a la tienda, comparé a mi madre imaginaria con la real. La madre imaginaria optaría por un dependiente masculino (me constaba que mi madre aborrecía regatear con otra mujer). Se quejaría de que los zapatos le apretaban en la puntera a su hijo, y en cuanto el dependiente sacase el zapato de la caja añadiría que el cuero se estropeaba enseguida. Cuando le pidieran el recibo de compra (que siempre perdía) subiría el tono de voz y empezaría a enumerar todos los pies infantiles que tenía que mantener secos y calientes. El tipo de la tienda asentiría con paciencia y finalmente le propondría cambiarlos.

Por desgracia, en aquella ocasión, la madre real no se comportó en absoluto como el modelo.

Una joven con moño atendía a todos los clientes. La voz de mi madre flaqueó cuando le tendió la caja de zapatos, como si las palabras no se conociesen entre sí.

—Lo siento —la interrumpió la dependienta, como si le estuviese dando el pésame—, pero la verdad es que no puedo hacer nada por usted.

Yo estaba seguro de que mi madre le plantaría cara, pero ella solo se dejó caer en uno de los asientos reservados para probarse zapatos; su único comentario fue un prolongado suspiro. La dependienta insistió en que en ningún caso podía devolverle el dinero. Mi madre bajó la vista y volvió a suspirar. Por último, cuando vio que mi madre no daba señales de rendirse, la joven dijo:

—Por favor, váyase.

Y luego:

—Por favor, váyase o tendré que llamar a la policía.

Mi madre se hundió todavía más en el asiento y cruzó las piernas.

Yo, con mis diez añitos, seguía todo aquello con bastante aprensión. ¡Mi madre imaginaria nunca se habría comportado así! Tardé mucho tiempo en comprender la protesta de mi verdadera madre. Por supuesto, ella sabía perfectamente lo que estaba haciendo. Sabía que la dependienta se habría formado su versión propia de mi madre imaginaria. Aquel día, en aquella tienda, mi madre de carne y hueso les plantó cara a las dos.

Al final, completamente exasperada, la dependienta sacó un objeto pequeño y reluciente del bolsillo.

—Ni se le ocurra hablar de esto con nadie —dijo, antes de

rajar uno de los zapatos con la navaja—. De este modo es un producto defectuoso y el fabricante nos reembolsará el dinero.

En realidad, cuando los actos de mi madre no coincidían con los de su sosias imaginario no me incomodaba tanto como podría parecer. Paulatinamente empecé a comprender que el modelo que había creado de ella era una aproximación muy limitada y torpe, y que había muchas variables que no había tomado en cuenta (y cuya existencia incluso desconocía), y que en todos nuestros actos el azar desempeña un papel muy importante y liberador. Además, cada divergencia entre el original y la versión imaginaria me aportaba nuevos datos. Yo confiaba en que aquellas divergencias, al aumentar o disminuir, me servirían de brújula para llegar a conocer mejor la verdadera naturaleza de mi madre.

En las escasas ocasiones en las que mi madre se convertía en émulo de mi modelo, la desasosegante sensación de *déjà-vu* me resultaba nauseabunda. Me preocupaba que fuese síntoma de algún poder oscuro en mi interior, o peor aún, del deterioro del libre albedrío de mi madre. Además, ¿cómo estar seguro de que el éxito era meritorio? Quizá no se debiese más que al simple azar: también un reloj parado da la hora correcta dos veces al día.

Es posible que mi incapacidad para comprender a mi madre se deba a una incertidumbre anterior: ¿cómo debería ser el comportamiento de una madre? No hablo de una madre ideal (lamentablemente, no creo que existan tales criaturas), sino más bien de las cualidades maternas más comunes y distintivas. Un punto de referencia, digámoslo así.

Es más difícil de lo que parece. Para empezar, la categoría «madre» abarca elementos de todo tipo: se puede ser madre a los dieciséis y a los sesenta (con la ayuda y el talento de los científicos); madre de uno o de nueve, como la mía. Según la definición del diccionario, madre es 'hembra que ha parido', lo que crea un conjunto tan vasto y heterogéneo como pueda imaginarse. Por decirlo en jerga estadística, es un muestreo demasiado amplio.

¿Cómo, entonces, debería proceder para reunir una muestra más manejable de los congéneres de mi madre, una capaz de ofrecer un contexto realista para el análisis? ¿Fijándome en las madres de nueve niños? No estoy seguro de que Reino Unido cuente con muchas familias de nueve hijos desde la época de la reina Victoria y sus nueve herederos reales. La prensa recoge solo un par de ejemplos: una de las madres es una licenciada en filosofía y alto cargo ejecutivo de una empresa, que pensaba que ella y su marido budista «pararían a los cinco»; la segunda, una antigua anoréxica que había creído que sus opciones de quedarse embarazada eran «mínimas». Como no deja de ser natural, este grupo de mujeres no es más representativo de la maternidad que el primero.

Podría también intentarlo con otra pregunta ligeramente diferente: ¿qué nos revela el comportamiento de mi madre sobre ella? Pero también aquí encontramos dificultades similares. Podemos imaginar un centenar de motivos más o menos plausibles para cada uno de sus actos. Un centenar de madres imaginarias tendrían que competir para reivindicarse. Pero cada acción es fruto de otra anterior: cada madre imaginaria tendría que ser capaz de producir otras cien. Evidentemente, este enfoque no nos acerca en absoluto a la respuesta. Aunque fuéramos capaces de dar con la «verdadera» razón de cada uno de los actos de mi madre y, consecuentemente, de identificar a la «verdadera» madre imaginaria en nuestra galaxia de madres imaginarias, al final no tendríamos sino una perfecta gemela; una tan compleja, misteriosa y desconcertante como la mujer que me crió.

Por lo visto, si quiero llegar a alguna conclusión respecto a quién es mi madre en realidad, necesitaré más observación empírica y menos razonamiento abstracto. Reconozco que con esto no estoy diciendo nada nuevo. Cuando el psiquiatra Édouard Toulouse decidió medir objetivamente el genio de Émile Zola, por ejemplo, lo hizo de una forma muy propia de su tiempo. Midió la estatura del novelista, le pasó una cinta métrica alrededor de los hombros, el cráneo y la pelvis, evaluó el vigor de sus manos, las percepciones de su nariz, orejas y ojos, examinó su memoria y anotó las horas a las que Zola comía, dormía y escribía. El doctor descubrió que el escritor tenía un pulso de sesenta y uno cuando empezaba a escribir y de cincuenta y tres cuando ponía fin a la jornada.

Los científicos de la Unión Soviética también intentaron algo por el estilo, si bien ellos contaron las palabras de sus objetos de estudio, en lugar de su pulso. Con sus experimentos intentaban predecir la palabra siguiente de una frase a partir de las frases anteriores. Comprobaron que la conversación de las niñas era la más fácil de anticipar, seguida a poca distancia por la de los redactores de periódico, mientras que los poetas resultaron ser los más difíciles de predecir.

¿Sorprendieron estos resultados a los científicos? Quizá los poetas se tomaban las mismas libertades de viva voz que en sus escritos. Los matemáticos establecieron que los mejores poemas combinaban a partes iguales la previsibilidad de la métrica con la novedad de palabras inusuales. Un exceso de métrica banalizaba el poema; demasiada originalidad dificultaba su comprensión. El delicado equilibrio entre convención e invención da sentido a nuestro discurso.

La lección que podemos extraer de estos experimentos, aun siendo menor, es valiosa. La comprensión entre individuos depende de nuestra capacidad de predicción, pese a que a menudo el funcionamiento de esta escapa a nuestro control. Con su microscopio, el psiquiatra no llegó a interpretar qué movía la pluma de Zola, pero sí supo intuitivamente cómo convencer a su amigo de que se sometiera a sus pruebas. Los matemáticos soviéticos no fueron capaces de predecir con exactitud la inspiración del poeta, pero sus conversaciones fuera del laboratorio abarcaron tantos y tan variados temas como con cualquier otra persona.

En *La carta robada*, de Edgar Allan Poe, vemos a un niño que observa a sus compañeros jugar a las canicas para luego adelantarse a sus movimientos. El juego consiste en adivinar si el número de canicas que el contrincante tiene en la mano es par o impar. Cada vez que uno acierta, gana una canica; cuando se equivoca, pierde una canica. Gracias a su astucia, el niño acaba ganando todas las canicas de la escuela. Ese niño, nos explica Poe, sabe evaluar correctamente a sus rivales.

Supongamos que uno de estos sea un perfecto tonto y que, levantando la mano cerrada, le pregunta: «¿Par o impar?». Nuestro colegial responde: «Impar», y pierde, pero la segunda vez gana, por cuanto se ha dicho a sí mismo: «El tonto tenía pares la primera vez, y su astucia no va más allá de preparar impares para la segunda vez. Por lo tanto, diré impar». Lo dice, y gana.

Cuando el niño considera a su oponente «un tonto ligeramente superior al anterior», razona así: «Este niño sabe que la primera vez elegí impar, y en la segunda se le ocurrirá como primer impulso pasar de par a impar, pero entonces un nuevo impulso le sugerirá que la variación es demasiado sencilla, y finalmente se decidirá a poner bolitas pares como la primera vez. Por lo tanto, diré pares». Así lo hace y gana.

Poe continúa explicándonos cómo el ganador es capaz de intuir los pensamientos y sentimientos del niño al que se enfrenta: lo observa detenidamente y refleja la expresión de su cara, de forma que la mirada del otro se convierte en la suya, y asimila también su sonrisa, y frunce el ceño como lo hace el otro. En esta posición, el vencedor se encuentra pensando y sintiendo del mismo modo que lo hace su rival. El éxito depende por completo de la precisión de su capacidad de mimo.

En cierto modo, constantemente evaluamos y predecimos a los demás, aun cuando no seamos conscientes de ello. A menudo, la gente a la que escrutamos con más énfasis es aquella a la que más queremos. Siempre hay contemplación en el amor, y el intensísimo deseo de comprender al objeto de nuestro afecto. Y también hay melancolía, cuando comprobamos lo poco que podremos saber nunca con certeza. Nos duele nuestra ignorancia, pero pese a todo la soportamos. Con humildad, con paciencia, seguimos observando hasta que finalmente nos identificamos de alguna manera con el otro. La anticipación se convierte en un acto de amor.

He pasado años aprendiendo a evaluar los diversos gestos y tics de mi madre. Hoy puedo leer su lenguaje corporal con cierta solvencia. Pero hay una pregunta a la que vuelvo una y otra vez: ¿qué me dice con esa sonrisa?

Nos encontramos en un restaurante elegante del centro de Londres. Cuando cruzo la puerta, una mujer lo suficientemente mayor como para poder pensar que se conserva joven me sonríe desde una mesa del fondo. Beso a mi madre en la mejilla. Ella, encantada de la vida, sigue con la mirada a los camareros que, con la espalda recta, llevan las bandejas cargadas de platos y botellas. ¿Qué comeremos? Yo conozco bien el local y ya he decidido. Le digo a mi madre lo que quiero y voy un momento al baño. Cuando vuelvo ya han retirado las cartas. Mi madre juguetea con su servilleta. Me fijo en la tirantez de la piel de sus manos, como la cáscara de una fruta demasiado madura. Sus dedos retuercen la servilleta mientras hablamos.

Le han vuelto a subir el alquiler. Las pintadas siguen gritándole desde las paredes. La semana pasada, un albanés que vive en su calle le prendió fuego al colchón: «menudo jaleo» montaron los bomberos con las sirenas. Y aun así, a mi madre ni se le pasa por la cabeza mudarse. Insiste en quedarse cerca de donde nacieron y crecieron sus hijos. Sé perfectamente que cualquier alegato en este sentido caerá en saco roto, así que no me queda más remedio que dejarlo correr.

«A mediodía», le respondo cuando me pregunta por mi vuelo de mañana desde Heathrow. En Tokio, le explico, son nueve horas más que aquí. El viaje incluirá mi primera ponencia en el lejano Oriente. Mi madre finge sentir curiosidad. Nunca ha tenido pasaporte y no sabe nada del mundo más allá de nuestras fronteras. De repente, un acceso de risa silenciosa la convulsiona. Alguna palabra o su sonido, o la imagen mental que ha provocado la palabra, le ha hecho gracia. Como el niño en el cuento de Poe, hago lo propio e intento reír con ella. Pero no lo entiendo. Y entonces, tan inesperadamente como empezó, la risa termina, y ella se enjuga los ojos con la servilleta.

Vuelvo a pensar en la carta del menú. Solo hay unas pocas opciones para cada plato. Buena oportunidad para poner a prueba a mi madre imaginaria. ¿Coincidirán mi madre y el modelo? Intento acordarme del trío de entrantes, de platos principales y de postres, y a cada uno le asigno una probabilidad. Evalúo no solo cada uno de los platos individualmente, sino también las posibles combinaciones que pueden darse. Por ejemplo: dos tercios de los platos principales tienen carne: por ese motivo, reduzco la probabilidad de que mi madre haya pedido paté de primero (a menos que haya optado por un segundo de pescado). Y dando por supuesto que habrá querido empezar con buenas intenciones pidiendo una ensalada, me decido por la tarta de caramelo como postre.

Mi madre imaginaria ha encontrado una vía intermedia entre el paté y la ensalada. Cuando vuelve el camarero, anuncia la sopa de verduras al horno. Aspiro satisfecho el dulce olor del plato cuando pasa a mi lado.

Ahora, la ternera gana más enteros en mi lista mental de platos posibles para mi madre. Pero cuando retiran los platos y regresa el camarero, veo que trae un bacalao al horno que me mira con ojos vidriosos. Mientras come, algún que otro pedacito de esponjosa carne blanca se esparce por el plato y acaba cayéndole en la camisa.

Por último, el postre. No me cabe la menor duda. La afición de mi madre modelo por el chocolate se ha puesto de manifiesto en muchas ocasiones anteriores. Pero no en esta. Mi madre de verdad termina la comida con una copa de frutas exóticas.

Cuando salimos del restaurante me toma del brazo. Quiere enseñarme la calle en la que se crió. Me agarra con fuerza mientras caminamos. No sé apenas nada de su vida antes de mi nacimiento, solo alguna que otra anécdota recogida aquí y allá. Le pregunto si es verdad que antes de formar una familia trabajaba como secretaria. «Anda ya», se ríe. «Me dedicaba a mecanografiar direcciones en sobres». Aún tiene los códigos postales grabados en el cerebro.

—Dime una ciudad —dice de repente.

Belén, pienso.

—Saint Ives —digo.

—Saint Ives —repite, y cuando lo dice ella suena el doble de largo—. TR26.

Enfilamos la calle, muy cerca del palacio de Westminster. Mi abuelo trabajaba para la cervecería de la zona: se encargaba de distribuir la cerveza en un carro. El bloque de pisos albergaba a varias familias de trabajadores de la cervecería, que compartían un baño comunal (con bañera esmaltada). Pero no podemos asomarnos al interior. El edificio está ocupado ahora por gente sin hogar; algunas de las ventanas están tapiadas. Antes de irnos, saco la cámara y tomo una foto.

Me da por pensar en la chica que acabó convirtiéndose en mi madre. ¿Cómo se imaginaba a sí misma de adulta? ¿Soñaba con un marido amoroso, una casa grande y niños que siempre le sonrieran? ¿Se veía a sí misma, en su imaginación, como una mujer culta, que viajara mucho, siempre generosa, paciente y amable? ¿Imaginaba que recordaría siempre cada uno de sus momentos más preciados, y que olvidaría al instante todos los reveses?

Y al pensar en aquella chica me siento a un tiempo inmensamente feliz e inmensamente triste. Me siento como suelo sentirme al pensar en mí mismo.

Hablemos de ajedrez

Ganar al ajedrez es sencillo: la victoria corresponde al jugador que comete el penúltimo error.

Quienquiera que fuese el inventor de esta frase tenía mucha razón. Los mejores jugadores no actúan ni como máquinas ni como ángeles: su superioridad deriva de ser capaces de cometer mejores errores.

Cabe imaginar que un error vencedor no se debería en absoluto ni a la dejadez, ni a la falta de atención, ni a la cobardía. Estaría más próximo a ese desliz afortunado del pincel del pintor o la pluma del escritor que de improviso introduce en un cuadro o una imagen posibilidades insospechadas. Pienso en esa historia, quizá apócrifa, del pintor que, irritado tras muchos intentos fallidos de reflejar un detalle en un retrato, lanzó con hastío la esponja contra el caballete y consiguió así el efecto deseado. O en aquella otra del impresor que, sin quererlo, le valió a Herman Melville infinidad de alabanzas por la expresión «pez mancillado», cuando este, a propósito de una anguila, había querido escribir «pez enrollado sobre sí mismo» (*soiled fish* - *coiled fish*).

No me arriesgaré a llevar este argumento mucho más allá. La creatividad, evidentemente es mucho más que un ocasional gesto inesperado. Pero el talento ajedrecístico guarda esta similitud con otras actividades creativas por cuanto tolera el error, como si el gran maestro (al igual que el gran artista) fuese el que verdaderamente explora los límites últimos de lo posible. O bien, como dice uno de los personajes de *Lord Jim*, de Joseph Conrad: «Sométete al elemento destructivo, y consigue que el mar profundo te mantenga a flote con el esfuerzo de tus manos y pies».

El ajedrez es un territorio perfecto para llevar a cabo una exploración de lo posible de tales características. Su mar en cuadrícula es, de nuevo, muy profundo. La complejidad matemática que encierra el juego es vertiginosa. El movimiento inicial de cualquiera de los jugadores crea una de 400 posiciones legales. El segundo movimiento de cada uno, 72.000. Las posiciones posibles sobre el tablero después de que ambos jugadores efectúen un tercer movimiento ronda los nueve millones, que se convierten en 288 millones tras el cuarto. En 1950, el matemático Claude Shannon calculó el número de posibilidades en una partida de 40 movimientos, una cifra conocida desde entonces como el «número Shannon». Estimó en 30 la cifra potencial de movimientos viables por turno. Con este razonamiento llegó a una cantidad total (un 1 seguido de 120 ceros) que supera de largo el número de átomos del universo conocido.

Pese a tanta inmensidad, el ajedrez es un juego finito. Resulta concebible, pues, que algún día llegue a programarse una máquina que conozca todas las secuencias de movimientos posibles en cada partida imaginable. Ninguna combinación, por ingeniosa que fuese, llegaría a sorprenderla; cada posición del tablero le resultaría familiar. Al igual que ha sucedido con el juego de las damas (resuelto por científicos computacionales canadienses en 2007), descubriríamos por fin cómo termina el ajedrez cuando ambas partes lo juegan a la perfección.

La partida perfecta de ajedrez (el orden y la configuración inmaculados de los movimientos, el ballet exquisito que ejecuta con precisión cada pieza a su debido momento) está muy presente en la mente de todo jugador, que en su fuero interno porta su propia idea del juego divino. Para algunos empieza con el avance de dos casillas del peón blanco de rey, al que responde el salto en ele del caballo que flanquea a la reina. Seis movimientos más tarde, la reina blanca llega a A4 (un escaque lateral) de la que se ve expulsada por el alfil negro. No, no, dice un segundo jugador: el juego empieza con un caballo blanco, cualquiera de ellos, a lo que el negro responde con un movimiento análogo. Los peones centrales avanzan en parejas. Pero un tercer jugador no está de acuerdo con ellos y menciona que pasados once movimientos el blanco tendría que sacrificar una pieza: su reina por una torre. Otros, a su vez, ven los peones blancos trepar como la yedra por los laterales del tablero, o al rey negro constantemente agazapado tras su reina, o a los cuatro alfiles bailar las diagonales hasta que sobre el tablero quedan la mitad exacta de las piezas del comienzo.

¿Quién, entonces, se impone en este ideal platónico del ajedrez? Cada jugador confiesa profesar una fe secreta. Una victoria para las blancas en cuarenta y tres movimientos, o en cuarenta y uno si el sexto movimiento de las negras afecta a un peón. O bien victoria para las negras tras unos maratonianos doscientos veintisiete movimientos, con la última pieza blanca finalmente conquistada por el rey. Pero esto son visiones románticas: una amplia mayoría parece resignarse a la probabilidad de que termine en tablas.

Un reducido grupo de entusiastas (y también un puñado de maestros) afirma haber zanjado esta cuestión en favor de uno u otro bando, y basa su afirmación en un «sistema» que el jugador debe seguir. Como cabe imaginar, estos sistemas han sido objeto de numerosas críticas. En sus libros y artículos, Weaver Adams (ganador del Abierto de Estados Unidos en 1948) argumentaba que adelantando el peón de rey en el primer movimiento «las blancas deberían ganar». Aun así, perversamente, el propio Adams parecía tener mucha mejor suerte cuando jugaba con negras. Un tal doctor Hans Berliner concuerda con Adams en lo tocante a la victoria predeterminada de las blancas, pero difiere de él en su elección del determinante movimiento inicial. Según Berliner, las blancas deben mover primero el peón de reina.

Es posible que gracias al uso de los ordenadores más potentes lleguemos a vivir la aparición de una solución definitiva. Pero está todavía muy, muy lejos. Hasta ahora, los algoritmos han resuelto todas las posiciones legales de un máximo de seis piezas sobre el tablero (incluidos los dos reyes). Los datos recopilados han suscitado unas cuantas sorpresas. Muchas de las situaciones finales de partida que durante largo tiempo se consideraron nulas arrojan en realidad un claro vencedor, sin la menor sombra de duda. Entre los análisis más recientes, que han avanzado hacia el estudio de posiciones finales con siete piezas, los investigadores han dado con una sorprendente victoria forzada para las blancas... siempre y cuando quien las maneje sea capaz de mantener la concentración durante quinientos diecisiete impecables movimientos.

En última instancia, puede que no exista una solución al ajedrez, o al menos no una que podamos llegar a extraer en el tiempo que le ha sido concedido a nuestro universo. Es posible incluso que cualquier solución completa exceda los límites de nuestra imaginación: caballos que barren peones sin razón aparente, alfiles que ocupan por turnos las casillas consecutivas, torres que se deslizan arriba y abajo y de derecha a izquierda durante noventa movimientos seguidos.

Claro está que el ajedrez no sería el ajedrez sin su misterio y sin los errores de los jugadores. Las personas, igual que los trebejos, están hechas de madera retorcida. Con sus errores, el principiante se pone de inmediato en evidencia: saca la reina a pasear demasiado pronto, intercambia demasiadas piezas con excesiva rapidez, desplaza sus peones de tal forma que su formación tiene más agujeros que un queso suizo... Pero el problema es más de cantidad que de calidad. El principiante pierde no porque cometa demasiados errores, sino porque comete demasiado pocos, apenas un puñado de pifias clásicas. ¡No sobrevive el tiempo suficiente para cometer más! Las trampas son abundantes, y el principiante va cayendo metódicamente en una tras otra. Los jugadores algo más astutos, con cierta habilidad (campeones de club, pongamos), cometen más errores que los principiantes. Al evitar las trampas iniciales, abren un terreno mucho más vasto en el que tropezar.

Las partidas más exigentes requieren algo más que evitar los errores. El jugador debe aprender a cometer sus propios errores, y eso es mucho más complicado de lo que parece. Tiene que dejar de imitar los movimientos que ha leído en libros y revistas, movimientos que no entiende verdaderamente: incluso los mejores movimientos pueden irse al garete si se emplean en la casilla equivocada o en el momento inapropiado. Tiene que desterrar sus errores más queridos, esos que comete con tanta frecuencia como un tic. En resumen, tiene que despejar la mente y pensar y sentir y sufrir por sí mismo. Solo entonces puede empezar a soñar con llegar a controlar siquiera ligeramente el juego.

Todo esto se resume, ni más ni menos, en ese atributo tan impreciso que llamamos personalidad. Es una cualidad indescriptible que parece insuflar vida a las piezas del tablero. Al igual que el trazo de un pintor de talento, podemos identificar a un jugador importante a partir de los movimientos (incluidos los erróneos) que realiza. El observador distingue en el movimiento de las piezas el discurrir de los pensamientos del jugador. Lo que llamamos sus errores es también la expresión de una percepción muy profunda y personal de una posición concreta, la cual, como toda percepción humana, es imperfecta. Y de esa percepción personal resultan tanto sus mayores equivocaciones como sus movimientos más brillantes.

Me atrevo a afirmar que no ha habido un maestro de este juego con tanta personalidad como el campeón soviético Mijaíl Tal, «el mago de Riga». No son pocas las partidas disputadas por él que han alcanzado la categoría de obra maestra. En su mejor momento, la forma de jugar de Tal revelaba un valor rayano en la despreocupación. Se lanzaba siempre al fragor de la batalla, provocando complicaciones. En una ocasión dijo, a propósito de su propensión a los problemas: «Hay que arrastrar al oponente a lo más profundo de un lóbrego bosque donde 2 + 2 = 5, y el sendero que conduce a la salida sea tan estrecho que solo entre una persona».

Él mismo se perdió en los recovecos de este bosque más de una vez. Durante las partidas simultáneas de un torneo de exhibición contra una decena de estadounidenses, el gran maestro tuvo que plantar cara a un atrevido y talentoso muchacho de doce años. En un momento crucial de la partida, Tal renunció a su reina a cambio de obtener la iniciativa, pero a la larga el gambito resultó erróneo y acabó perdiendo el envite. Encogiéndose de hombros, el antiguo campeón mundial estrechó deportivamente la mano del chico y continuó dedicándose a lo suyo en los tableros restantes.

Tal jugaba por instinto. Enfrentado a la impenetrable complejidad del juego, siempre se dejaba llevar por su olfato. Iba tanteando el camino por las casillas del tablero, porque sentir es también una forma de pensar. En su autobiografía recoge una breve pero maravillosa anécdota relativa a este enfoque intuitivo. Tal describe el enfrentamiento con el gran maestro Vasiukov en el campeonato de la URSS. Como consecuencia de un osado estilo de juego, ambos habían alcanzado una posición particularmente trabada. Cuenta que reflexionó mucho sobre su siguiente movimiento. Tenía la sensación de que el camino a la victoria comenzaba con un sacrificio de caballo, pero la inmensa cantidad de variaciones lo tenía desconcertado. Con la cabeza entre las manos, fue meditándolas una tras otra, sin más resultado que una empanada mental. De repente, como surgido de la nada, se abrió paso por su mente un simpático pareado infantil del poeta Chukovsky: «Oh, y qué tarea ardua, dura, demencial|sacar al hipopótamo de su barrizal».

Tal no era capaz de interpretar por qué motivo su mente le había sugerido aquellos versos, pero la idea se apoderó de él: ¿de qué forma había podido aquel hombre sacar de su ciénaga a semejante animal? Bajo la atenta mirada de espectadores y periodistas, el gran maestro fue analizando los diferentes métodos con los que sería posible rescatar a un hipopótamo: palancas, gatos hidráulicos, helicópteros, incluso «una escalera de cuerda». Una vez más, sus cálculos no dieron fruto alguno. «Bueno, pues que se ahogue», se dijo a sí mismo, en un arranque de mal genio. Con eso se le despejó de inmediato la mente y decidió jugar fiándose de sus instintos. A la mañana siguiente, la crónica en los periódicos decía así: «Mijaíl Tal, tras considerar cuidadosamente la posición sobre el tablero durante cuarenta minutos, efectuó un sacrificio calculado con total precisión».

Antes de dejar a Tal, me gustaría añadir un detalle sobre su educación en el ajedrez. El desarrollo del joven Mijaíl resultó vertiginoso. Aprendió a jugar a los ocho años de edad observando las partidas de los pacientes en el hospital en el que trabajaba su padre. El niño no destacaba entonces, ni mucho menos. Su juvenil estilo era, simplemente, uno más contra el que los jugadores de mayor edad iban ganando sus puntos. Solo a partir de los doce años empezó a dedicarse en serio al juego. Un maestro local lo tomó bajo su tutela. En un plazo de dos años, el adolescente conseguía clasificarse para el campeonato nacional; un año más tarde se clasificaba por delante de su entrenador. Al año siguiente, a los dieciséis años, se alzaba con el título nacional del país y obtenía el título de maestro.

Esta rauda progresión recuerda la facilidad con la que aprendemos nuestra lengua materna. Cuatro años tardó Tal en obtener su primer campeonato nacional; solo cuatro años, como media general, tarda un niño en hablar con fluidez. En ambos casos, la diferencia la marca la mano adulta que guía a uno y otro. Abandonados a su suerte, ni el niño ni el jugador novel pueden aspirar a progresar demasiado. Los lingüistas afirman que el niño aprende el lenguaje por exposición a ejemplos muy estructurados; sus padres le hablan con mayor lentitud, haciéndole preguntas, con frases cortas que a veces llegan a resultar casi telegráficas. El jugador de ajedrez, de manera parecida, aprende mejor cuando cuenta con el consejo de un asesor que le muestra los patrones y combinaciones de movimientos que caracterizan el juego de los expertos.

Wittgenstein observó que el lenguaje, igual que el ajedrez, es un juego que se rige por reglas. Saber cómo emplear una palabra, según él, es como saber mover una pieza de ajedrez. A partir de unas cuantas reglas iniciales se genera una complejidad inmensa. Los cotilleos de la esquina pueden rivalizar en complejidad con cualquier partida de ajedrez. Y eso se debe a que el número de concatenaciones de palabras capaces de formar frases con significado tiende al infinito. Los hablantes (y los escritores) generan constantemente frases originales, del mismo modo que los maestros ajedrecísticos idean movimientos nunca antes vistos. Y como cualquier jugador que merezca ganar, el orador (y también el escritor, hasta cierto punto) anticipa la respuesta del otro. Modifica su discurso de acuerdo a esa anticipación. No solo sabe lo que puede decir, sabe lo que debería decir, y también (y puede que esto sea lo más interesante) lo que no debería decir. Un orador que domina el arte de la conversación sabe qué cuestiones puede explorar y cuáles es mejor evitar. Del mismo modo, algunos movimientos de ajedrez, en determinadas situaciones, están considerados tabú pese a ser perfectamente legales. He oído decir que un gran maestro se refirió a la captura temprana de un peón por parte de un oponente como un movimiento «vulgar». El ardid quizá tuviese la ventaja de una ganancia material inmediata, pero se producía a costa de la formación y la coordinación de sus piezas. Tales movimientos rara vez resultan propicios en una buena partida.

Esto me recuerda una escena de la novela de 1951 *El maestro de go*, del escritor japonés Yasunari Kawabata. El narrador de la historia, un apasionado del juego (*go* es un antiquísimo juego de tablero con altas dosis de estrategia), practica con su tablero metálico de bolsillo durante un trayecto de tren. Frente a él se sienta un espigado turista estadounidense, en cuyas rodillas reposa el tablero dorado durante todo el viaje. El narrador japonés se impone rápidamente, partida tras partida. «Era como si estuviese lanzando por los aires a un contrincante grandullón pero carente de equilibrio en un combate de lucha libre». Una y otra vez constata cierta despreocupación en el juego del americano, una falta de implicación personal. Para el turista, supone, jugar a *go* es «como discutir en una lengua extranjera aprendida en los manuales de gramática».

Al llevar esta idea a su conclusión natural, Kawabata llega incluso a afirmar que las sutilezas del juego resultan inaccesibles para los extranjeros. Lo que quiere decir, a mi entender, es que una buena partida (tanto de *go* como de ajedrez), igual que una buena conversación, precisa cierta sensibilidad nacida de una completa inmersión. Al decir esto pienso en ese cuidado formal que hace que una frase se eleve por encima de lo funcional. Incluso traducido, el elíptico estilo de Kawabata confunde a menudo al lector no japonés. Muchos detalles que para sus compatriotas japoneses resultan perfectamente normales pueden pasarnos completamente desapercibidos. ¿Por qué, por ejemplo, el narrador de la novela menciona que su tablero de *go* está adornado con pan de oro? ¿Es una referencia a la iluminación? ¿A la victoria? ¿Hay que leer en ello la sugestión de que el *go* es un arte? Solo podemos aventurar conjeturas sobre su significado.

Los grandes maestros, por supuesto, viven inmersos en su forma de jugar. Algunos llegan a ahogarse, hundidos por la locura que provoca una complejidad a todos los efectos infinita. La mayoría, sin embargo, encuentran su más plena y rica forma de expresión en la combinación de movimientos que despliegan. Son jugadores que no piensan tanto en el ajedrez como «en ajedrez», del mismo modo que nosotros pensamos en nuestra lengua materna. En un artículo sobre un gran maestro leí que recuerda los acontecimientos de cada día como si fuesen movimientos sobre el tablero. Por ejemplo, ir por la tarde a la piscina lo recuerda como caballo de rey a F6, mientras que una comida en un restaurante junto a su esposa, como un retroceso de cuatro casillas con la torre de reina. Para él, tales asociaciones son perfectamente anodinas y completamente espontáneas.

También es posible apreciar esta espontaneidad, la espontaneidad del habla, en las llamadas «partidas rápidas» de ajedrez. En la modalidad más popular, ambos jugadores disponen tan solo de un minuto para realizar todos sus movimientos. Las piezas se mueven frenéticamente de casilla en casilla, mientras manos agilísimas presionan una y otra vez el botón de sus respectivos relojes. Es habitual ver partidas de más de cuarenta movimientos, al ritmo de poco más de un segundo por turno. Pese a no disponer de tiempo para pensar, los participantes en estas partidas a menudo dan muestras de un sorprendente nivel de juego.

Con ello no quiero decir que jugar al ajedrez sea cuestión exclusivamente de instinto. La impulsividad tiene sus ventajas (la ausencia de indecisiones, para empezar), pero no son virtudes adecuadas para procesos largos. En su mejor versión, en el ajedrez (al igual que en el lenguaje) prima la reflexión y el razonamiento cuidadoso. Vista de determinada forma, una partida de ajedrez consiste en una larga serie de problemas cambiantes, los más intrigantes de los cuales llegan a exigir respuestas únicas de nuestra imaginación. Del mismo modo que sucede con un hermoso pasaje en una novela, la sensación que despiertan es que podríamos pasar todo el tiempo del mundo en su compañía.

De vez en cuando, un jugador amateur repasa las páginas de determinados periódicos (esos que sirven para envolver jarrones de cristal, pero nunca grasientas patatas fritas) para saborear y resolver estos problemas. La ilustración del tablero y sus inmóviles figuras compiten por el espacio en la página con el crucigrama de la semana. El titular anuncia: «Juegan blancas y dan mate en tres» o «Juegan negras y hacen tablas». A menudo, de la posición que se presenta han desaparecido la mitad de las piezas con las que empezó la partida, que está llegando a sus momentos finales. El aficionado observa fijamente las piezas dibujadas y las emborronadas cuadrículas, esperando a que le asalte la inspiración. Es, aproximadamente, la misma experiencia que cuando leemos unos versos sorprendentes en un poema.

Muchas de las posiciones de ajedrez que se publican nunca se han visto sobre un tablero: son obra de la imaginación de algún jugador. Entre estos inventores se cuenta un tal «Vladimir Sirin», más conocido como el novelista y poeta políglota Vladimir Nabokov, que veía en estas composiciones «la poesía del ajedrez» (su antología *Poemas y problemas*, publicada en 1969, incluía dieciocho problemas concebidos por él).

Esos sesenta y cuatro cuadrados y su peculiar geometría fascinaban hasta la obsesión al escritor. El triángulo rectángulo que dibuja el rey, por ejemplo, moviéndose primero en vertical (u horizontal) y luego en diagonal, contraviene el famoso teorema pitagórico. Lejos del tablero, en el «mundo real», avanzar tres pasos de lado y otros tantos hacia delante (o atrás) crearía una distancia diagonal mayor (cuatro pasos y cuarto) entre los puntos de salida y llegada. El «triángulo» del rey, sin embargo, tiene los lados de idéntica longitud (por cuanto atraviesan el mismo número de escaques). Esta ilusión óptica (la ruta diagonal debe ser más larga que el recorrido horizontal o vertical) tiene un papel esencial en el arte del diseñador de problemas de ajedrez.

Al igual que sus palabras, las piezas de ajedrez de Nabokov basaban su significado en un posicionamiento y una combinación muy precisos. Nabokov velaba por que el valor de las piezas fuese muy diferente de las expectativas del aficionado. El «valor» de la posición de una reina (pese a que por lo general se considera que dobla el de una torre, triplica el de un caballo o un alfil y es nueve veces más importante que el de un peón) puede quedar reducido a casi nada si se ve inmovilizada en una esquina o en una fila trasera por medio de una cuidadosa disposición de piezas menores.

Son muchos también los matemáticos que se dedican a inventar problemas de ajedrez. Crean posiciones para resolver cuestiones como por ejemplo: ¿cuál es el número máximo de mates posibles en un movimiento? La respuesta es cuarenta y siete. O bien: ¿cuál es el mínimo número de alfiles necesario para ocupar o atacar cada escaque? La respuesta es ocho (la misma que para el mínimo número de torres). También los hay que se dedican a componer partidas enteras de un número determinado de movimientos para llegar a una posición concreta.

Hay otra analogía entre el ajedrez y el lenguaje que debería mencionar. Empecé estas notas con una reflexión sobre los errores, diciendo que los grandes maestros cometen errores magistrales, cimentados sobre una excelente intuición creativa.

Los niños pequeños hacen lo mismo. A partir de las conversaciones de su entorno se hacen con las palabras, pero sus mentes hacen luego con ellas lo que quieren. En realidad, el habla de los niños pequeños supera con mucho el modelo de imitación adulto: tiene características propias y da muestras de inventiva. Por ejemplo, todos hemos oído a un niño decir que «ha hacido» esto o ha «rompido» aquello, pese a que sus padres jamás lo digan así. Mayor inventiva demostraron aquellos niños que, al parecer, decidieron que la pareja del caballo es «la caballa», y que lo contrario de estar contento es estar «sintento».

Quién sabe: quizá esos niños crecieron y acabaron siendo grandes maestros.

Las estadísticas y el individuo

Para cada uno de nosotros nada hay más personal, íntimo y propio que nuestra muerte. Desde tiempos inmemoriales, el ser humano ha intentado predecir cuándo le llegará la hora, escudriñando las entrañas de un ave, intentando interpretar sus pesadillas o buscando el consejo de los oráculos. Cuando la profecía no resultaba ser claramente errónea, fantasiosa o desternillante, demasiado a menudo era de muy poca ayuda, por imprecisa y equívoca. Cuenta una leyenda que un príncipe de los escitas consultó a un oráculo griego sobre el modo en que moriría. El oráculo respondió que un *mus* (ratón) sería el agente que causase su muerte. El príncipe se tomó muy en serio aquella advertencia. Hizo que desapareciesen todos los ratones de su palacio e incluso rehuyó la compañía de cualquier persona llamada Mus. Pese a ello, la muerte llamó a su puerta poco tiempo más tarde. ¿Cuál fue el motivo? Murió de una infección en un músculo del brazo (en griego, la palabra músculo significa 'ratón').

La idea de la muerte como un fenómeno estadístico susceptible de ser calculado no aparece hasta finales del siglo XVII, con la publicación de la primera tabla de mortalidad del mundo. Esta nueva concepción de la muerte estuvo gestándose durante mucho tiempo: ponía completamente patas arriba la forma en que hombres y mujeres consideraban su propia vida individual. La «sociedad» (en aquellas circunstancias en las que este término no existía siquiera) se había entendido siempre como una vaga confederación de almas libres. El sentido y destino precisos de cada uno de ellos constituía un misterio impenetrable. Las multitudes eran monstruos de muchas cabezas e infinidad de miembros. La idea de que la persona pudiese ser comparada en cualquier sentido con la multitud, que pudiese ser descifrada a partir del estudio del comportamiento de su familia, su aldea o sus compatriotas parecía a un tiempo absurda e imposible.

Y si el individuo escapaba a toda comprensión, también su eventual extinción era incomprensible. La mayoría sabía por amarga experiencia que ningún estudioso era capaz de conocer los designios de la guadaña. La muerte caía por igual sobre sonrosados infantes y viudas decrépitas, sin motivo ni justificación aparente. Un anciano en las últimas podía muy bien sobrevivir otra década mientras su nieto, la imagen misma de la juventud y la salud, no llegaba a conocer otra primavera.

Las historias ocuparon el espacio correspondiente a la ciencia, y los narradores repetían sin cesar el mismo mensaje: la vida está llena de sorpresas. Acordaos del viejo John, contaban, aquel John que se rio con tantas ganas del chiste que le había contado el vecino que se le paró el corazón. O de la campesina aquella a la que el testarazo de una cabra llevó a la tumba. O del señorito que se enfrió mientras dormía en la iglesia.

En medio de esta atmósfera ambivalente, Edmond Halley (que alcanzaría la fama al calcular la órbita del cometa que lleva su nombre) publicó en 1693 *Una estimación de los grados de mortalidad de la Humanidad*. Halley basó sus cálculos en la ciudad de Breslavia, capital de la provincia de Silesia, «cercana a las fronteras de Alemania y Polonia y muy próxima a la latitud de Londres», que a la sazón sumaba 34.000 habitantes. Durante cinco años consecutivos se recopilaron mensualmente todos los nacimientos y muertes acontecidos en la ciudad: en total, 6.193 nacimientos y 5.869 entierros. Halley comprobó que de entre los recién nacidos, un veintiocho por ciento fallecía en el primer año de vida, y solo un poco más de la mitad llegaba a celebrar su sexto cumpleaños. La mayoría de los supervivientes, sin embargo, llegaba a tener sus propios hijos más adelante. «A partir de esa edad, los niños alcanzan cierto grado de fortaleza y su mortalidad decrece».

Entre los ciudadanos de edades comprendidas entre los nueve y los veinticinco años, el número anual de muertes equivalía aproximadamente a un uno por ciento. La cifra ascendía hasta el tres por ciento en las personas de entre veinticinco y cincuenta años y llegaba hasta el diez por ciento entre quienes habían alcanzado la setentena. «A partir de ahí, y por ser muy reducido el número de los vivos, estos van decreciendo gradualmente hasta que no queda ninguno por morir».

Halley se valió de esta combinación de datos para calcular «los distintos grados de mortalidad, o quizá mejor de vitalidad, en todas las edades». Así, para calcular la probabilidad de que una persona de veinticinco años no muriese durante los doce meses siguientes, comparó el número de personas de veinticinco años de la ciudad (567 en total) con el de hombres y mujeres de veintiséis (560) y concluyó que, a los veinticinco años de edad, las posibilidades de que un individuo «medio» llegara a vivir un año más eran de 560 posibilidades contra 7, o lo que es lo mismo, 80 contra 1.

¿Qué probabilidades tenía un hombre de cuarenta años de edad de vivir otros siete? Halley tomó el número de hombres de cuarenta y siete años (377) y lo restó del de quienes sumaban cuarenta años (445) para obtener la diferencia entre ambas edades (68). Por consiguiente, la probabilidad de que un hombre de cuarenta años viviese hasta los cuarenta y siete era de 377 entre 68, es decir, 5,5 contra 1.

¿Qué esperanza de vida podía tener un hombre que hubiese cumplido los treinta? Para responder a esta pregunta, Halley determinó primero el número de personas con esa edad (531) y a continuación lo redujo a la mitad (lo que equivale a decir que tenían una probabilidad sobre dos de morir). Esta mitad (265) correspondía al número de ciudadanos de entre cincuenta y siete y cincuenta y ocho años de edad. A sus treinta años, la persona media podía contar con vivir otros veintisiete o veintiocho años.

Halley extrajo una conclusión apropiadamente virtuosa de sus investigaciones:

Lamentamos injustamente la brevedad de nuestras vidas, y nos sentimos en desventaja si no alcanzamos una edad avanzada; mas parece que la mitad de los nacidos mueren en un plazo de diecisiete años [...] así que, en lugar de refunfuñar por lo que damos en llamar muerte temprana, deberíamos aceptar con paciencia y despreocupación que la disolución es condición necesaria de nuestros perecederos materiales, y de nuestra composición y estructura frágil. Y deberíamos considerar una bendición el haber superado, quizá en muchos años, ese periodo de vida que la mitad de toda la raza humana no ha conseguido alcanzar.

Durante el verano de 1982, el paleontólogo estadounidense Stephen Jay Gould analizó en profundidad unas tablas de mortalidad similares a las compiladas por Halley, tres siglos después. Aquel mismo verano se rechazaba en Estados Unidos la enmienda constitucional de «la igualdad de derechos»; Italia se imponía a Alemania Federal en la final del Mundial de fútbol; la crisis de la deuda se extendía por América del Sur; y Gould, sentado en la consulta de su médico, descubría que le faltaba poco para morir. Tenía cuarenta años, y poco antes se le había diagnosticado una forma muy poco común e incurable de cáncer. La posterior consulta de los libros disponibles en la biblioteca médica de Harvard, todos ellos de un palmo de grosor, le llevó a saber todo cuanto podía saberse en aquel momento sobre la enfermedad y sus tasas de mortalidad. En resumidas cuentas, si cumplía con la media le quedaban ocho meses de vida.

Gould no podía tomar en serio los bienintencionados consejos de Halley. No estaba dispuesto a aceptar voluntariamente la disolución del cuerpo: él quería vivir. Pensó en su mujer, en sus dos niños pequeños, en su extraordinaria carrera profesional. Otras mil cosas le pasaron por la cabeza: el *Tyrannosaurus rex*, todo dientes gigantescos y voluminosos huesos, que había visto de niño en un museo; su padre, enfundado en sus pantuflas, leyendo *El capital*; los compases iniciales del *Mikado* de Gilbert y Sullivan; el abono de la temporada de los Yankees; las galletas Pepperidge Farm que tenía en el cajón del escritorio en la oficina. Su oficina. ¿Qué iba a ser de sus microscopios y de su sillón de mimbre favorito? Unos acabarían en el estante equivocado, y el otro en un lugar con poca luz, acumulando polvo.

¿Qué hizo Gould en un trance tan extremo? ¿Qué podía hacer? Hizo lo que hacen casi todos los que reciben malas noticias: dedicarse a buscar con denuedo cualquier enfoque positivo, hasta el más tenue. Se negó a perder la esperanza. Una media de ocho meses: eso decían las estadísticas. Si la mitad de los pacientes con su mismo cáncer morían a los ocho meses de ser diagnosticados, eso significaba que la otra mitad vivía más allá de aquellos ocho meses. Algunos sobrevivían varios años. La idea le reconfortó, y decidió agarrarse a ella. Por edad, aún era joven. ¿Clase social? Vivía con su familia en la zona buena de la ciudad. ¿Salud? Algo entrado en carnes, pero ningún otro achaque. ¿Actitud? Se veía a sí mismo firme de voluntad, equilibrado y con claros motivos para seguir viviendo.

Le pareció que tenía muchos números para acabar en el lado bueno de las perspectivas para pacientes como él.

En el futuro le esperaba una sola muerte, no miles, y la media no tenía casi nada que decir al respecto. Aquello se convirtió en un mantra. Sus amigos y familiares le pidieron que se lo explicase. Su respuesta fue que los promedios hablan de poblaciones y no de personas. Si yo muriera mil veces, aproximadamente la mitad de esas muertes se produciría en un plazo de ocho meses. La otra mitad se irían sucediendo una tras otra, días, semanas, meses o incluso años más tarde. ¿Y quién es capaz de predecir cuál de esas mil muertes posibles sería la suya?

Los meses posteriores fueron duros y turbulentos para Gould y estuvieron llenos de tedio, dolor y agotamiento. Los médicos sometieron su cuerpo a radiaciones, lo atiborraron a drogas y lo obligaron a pasar por el quirófano. Adelgazó de manera preocupante, hasta el punto de perder un tercio de sus 90 kilos. El pelo tuvo el mal gusto de caérsele a mechones. Las horas de tratamiento solitarias y aburridas, opresivas, debilitantes, fueron acumulándose una tras otra. Pero sobrevivió. El cáncer remitió. Dos años más tarde se sintió con fuerzas suficientes para escribir un artículo sobre la experiencia, «La media no es el mensaje». Una década más tarde seguía en buen estado de salud. «Formo parte de un grupo muy reducido, selecto y afortunado: el de los supervivientes a un cáncer previamente considerado incurable», escribió.

En marzo de 2002, con los sesenta ya cumplidos, Gould publicó su obra definitiva, *La estructura de la teoría de la evolución*, de 1.342 páginas. Era el décimo séptimo libro que aparecía firmado por él desde que le fuera diagnosticado el cáncer veinte años atrás.

Dos meses más tarde le llegó finalmente la muerte, la suya personal, a consecuencia de otro cáncer no relacionado con el primero.

Es probable que saber cómo deben leerse las cifras de una tabla de mortalidad prolongase en varios años la vida de Gould (él mismo veía un posible vínculo entre el estado de ánimo de una persona y su sistema inmunológico). Por otra parte, no saber cómo interpretar esos mismos números les salió muy caro a otro hombre y su familia.

La historia de André-François Raffray ilustra de manera quizá extrema lo que sucede cuando se confunde a las personas con los porcentajes. Raffray llevaba muchos años ejerciendo con éxito como notario en Arles, en el sur de Francia. Entre sus clientes se contaba una señora de noventa años, viuda y sin herederos, llamada Jeanne Calment. Un día, en 1965, Raffray aceptó comprar la casa de la viuda de acuerdo a un plan conocido en Francia como *rente viagère*: mediante el pago mensual de 2.500 francos a la señora Calment, la propiedad de la vivienda pasaría a su nombre a la muerte de ella.

Raffray debió de pensar que había cerrado un excelente trato. La casa de la viuda tenía un valor próximo al medio millón de francos. Suponiendo que viviese otros tres años (tal era entonces la expectativa de vida para las nonagenarias francesas), habría pagado en total menos de 100.000 francos por el inmueble. Más del veinte por ciento de quienes llegaban a los noventa años fallecían antes de cumplir un año más. La estadística, pensó, estaba de su parte. «Incluso si llega a los noventa y cuatro, o los noventa y cinco, o los noventa y seis, obtendré la casa por solo una ínfima parte de su valor. Pero ¿y si sigue viva a los noventa y siete, o los noventa y ocho o (no lo quiera Dios) a los cien? Aunque... ¿cuánta gente llega a centenaria? ¡Menos de una entre mil! ¡Ay, si llega a vivir otros diez años! No quiero ni imaginarlo. Pero ¿qué más me da? Que se muera si quiere a los cien: aun así saldré ganando». Algo así debió de pensar.

Es un error pensar que las personas muy ancianas son todas

iguales. El notario apenas conocía superficialmente a madame Calment. Vio los cabellos blancos como la nieve, el cuerpo de pajarillo, la piel surcada de arrugas, y lo confundió con fragilidad. Al ver aquellos rasgos pensó de inmediato en todos los ancianos que había conocido. Sus caras, sus cuerpos y vidas se enredaron en su imaginación. ¿Qué tenía toda aquella gente en común? La enfermedad, la tristeza, el aliento entrecortado.

Pero antes de ser vieja, madame Calment había sido joven, y había montado en bicicleta por las calles adoquinadas de París, y había ejercitado su cuerpo jugando a tenis, y había comido fruta en conserva y sardinas en aceite. Casada joven con un comerciante próspero, había tenido las manos siempre libres para tocar el piano y aplaudir en el teatro. La enfermedad nunca se había cebado con ella.

Las cosas apenas cambiaron en su vida cuando se trasladó al cálido y soleado sur, al que había llegado con todas sus pertenencias favoritas, a excepción de su difunto marido. Pero hacía tiempo que se sentía cómoda en su soledad. No le aterraba el silencio, ni escuchar el batir de su corazón. Y tampoco le importaba su apariencia: sabía por experiencia que el maquillaje no resistía las lágrimas que le arrancaba la risa. A los ochenta y cinco años de edad no dudó un instante antes de meterse en las voluminosas protecciones acolchadas para tomar su primera lección de esgrima. Disfrutaba paseando al aire libre, y algún que otro sorbito de oporto le alegraba el día, endulzado también con onzas de chocolate.

Gracias a un estudio muy cuidadoso de las tablas de mortalidad, el notario conocía la frecuencia con la que habían muerto nonagenarios precedentes, y también en qué plazos, pero no había pensado en el futuro. Era cierto, por ejemplo, que en 1965 no había en Francia más que unos pocos cientos de centenarios. Pero eso era entonces, y a la viuda le faltaban diez años para cumplir el siglo de vida. ¿Cuántos centenarios habría en

Francia en 1975? ¿O en 1980? ¿O en 1990? Esa es la clase de pregunta que el notario olvidó plantearse. La medicina y la tecnología avanzaban a pasos agigantados en todo el mundo. Varias causas de muerte otrora muy importantes (como la gripe, la falta de vitaminas o la hipertensión) comenzaban a disminuir. En el transcurso de una generación, el número de centenarios en Francia iba a multiplicarse por veinte.

¿Y las estadísticas de las tablas? Merece la pena examinarlas con atención. Para empezar, los datos disponibles relativos a las personas muy ancianas eran necesariamente escasos y poco fiables. En las generaciones previas a la de madame Calment eran muy pocos los que habían vivido hasta completar una novena década. La estadística apenas sabía nada de las necesidades médicas de los nonagenarios, ni de sus hábitos alimentarios, ni de su rutina diaria, ni de muchas, muchas otras cosas, con lo que era preciso cubrir las lagunas con suposiciones.

En la tabla podía leerse: «Esperanza de vida: tres años». Pero hay que analizar qué significa eso en realidad. Si en 1965 había diez mil nonagenarios en Francia, en 1968 unos cinco mil seguirían con vida, con una esperanza de vida que no podía ser cero. ¿Cuál era, entonces? (Otra pregunta que el notario no se molestó en plantearse). Casi tres años. Si cumplidos los noventa llegabas a los noventa y tres, había una probabilidad bastante aceptable de que vivieras tres años más. Y si en 1968 había cinco mil personas de noventa y tres años, lo lógico es que en 1971 quedasen con vida unas dos mil personas que, de media, podían contar con vivir otros dos años. En 1973, unas mil personas de aquel grupo original de nonagenarios seguirían entre los vivos. De estos, a su vez, cerca de la mitad vivirían el tiempo suficiente para celebrar su centésimo aniversario.

Madame Calment se contaba entre ellos: en febrero de 1975 cumplió los cien años en buen estado de salud y capaz aún de caminar cada día. Lo de morir se lo dejaba a los demás. Cuando cumplió los 105, los cheques que había ido recibiendo mensualmente del notario equivalían ya al valor total de la vivienda, pero aun así aquel debía seguir pagándolos.

Pasaron otros cinco años, y madame Calment aceptó a regañadientes ingresar en una residencia. Tenía entonces 110 años, una cantidad que excedía la cifra máxima contemplada en la mayoría de las tablas de mortalidad. Con los 113 cumplidos se convirtió en la persona más vieja del mundo, *la doyenne de l'humanité*.

Pero tampoco entonces murió. Fue perdiendo la vista, y las articulaciones se le anquilosaron, pero se mantuvo muy animada. La estadística, que durante mucho tiempo había cifrado el límite de una vida humana entre los ciento diez y los ciento quince años, demostró estar equivocada. Madame Calment se convirtió en la primera mujer de la historia que celebraba su centésimo décimo sexto aniversario, su centésimo décimo séptimo aniversario, su centésimo décimo octavo aniversario y su centésimo décimo noveno aniversario.

En 1995, «Jeanne», como la llamaba ya la gente, llegó a los 120 años de edad. La residencia de ancianos, que hasta entonces apenas había tenido visitantes, se vio de pronto desbordada por la llegada de periodistas procedentes de todo el mundo. Minúscula, seca como una pasa, accedió a sentarse ante un batallón de cámaras. «No sonríe», se quejó uno de los fotógrafos. «Pregúntele si quiere seguir viviendo», pidió un periodista. El director de la residencia ahuecó la mano y la llevó junto a la oreja de la anciana, como si fuese a hacerle una confidencia. «El caballero quiere saber si desea vivir un poco más», le gritó al oído.

Sí.

El notario no estuvo presente aquel día. Jubilado tiempo atrás y próximo ya a los ochenta años, no se encontraba bien y no pudo acudir. Murió aquel mismo año sin llegar a poner nunca un pie en casa de madame Calment. En cumplimiento de lo estipulado treinta años atrás en el contrato, la viuda de Raffray continuó pagando. Para cuando madame Calment murió finalmente dos años más tarde, a los 122 años de edad, el notario y su familia habían desembolsado casi un millón de francos, una cantidad muy, muy superior al beneficio que anticipaban; una cantidad, además, dos veces superior al valor del piso cuando cerraron el trato.

Bien podemos preguntarnos de dónde sale esa extraña idea del paciente «medio» de cáncer o de la nonagenaria «media». El *Tratado sobre el hombre y el desarrollo de sus facultades* introdujo la figura del *homme moyen* (hombre promedio). «Si un individuo, en una época cualquiera de la sociedad, poseyera todas las cualidades del hombre promedio representaría todo cuanto es magnífico, bueno o hermoso».

El autor, un matemático belga de nombre Alphonse Quetelet, quiso imaginar cómo había creado la naturaleza al hombre. Se imaginaba a la naturaleza como un arquero que apuntase constantemente al centro estadístico. El centro de la diana sería el hombre (o mujer) promedio, el individuo perfecto: una persona racional y equilibrada, carente de excesos y deficiencias. Según este enfoque, la mayoría de los individuos eran las flechas perdidas de la naturaleza, más o menos desperdigados en torno a la media. El hombre más alto de la media presumía con los centímetros que le faltaban al más bajo; el borracho carecía del autocontrol que le sobraba al abstemio; el hombre peludo lucía los folículos del calvo.

Quetelet, en consecuencia, incitó a sus lectores a considerar la humanidad con mayor amplitud de miras. Después de todo, cada persona no era «sino una fracción de la humanidad». En lugar de ocuparse de hombres y mujeres, los científicos deberían estudiar a la población en su conjunto. «Cuanto mayor sea el número de individuos observados, más posible será descartar peculiaridades individuales (sean estas físicas o morales) y conseguiremos así que predominen los hechos generales que permiten la existencia y preservación de la sociedad».

De este modo, el matemático establece una media obtenida en un millar de hogares, o en diez mil, y descubre por ejemplo que la estatura «normal» de un hombre es de un metro y setenta centímetros; que el tiempo «normal» para leer el diario es doce minutos; que una dieta «normal» consiste en huevos, patatas y caldo de carne. Una estatura de un metro sesenta y cinco o de un metro ochenta y ocho es aberrante; dedicar cinco minutos o treinta a la lectura de un periódico es anormal; un exceso de pescado o la falta de huevos, una desviación.

A partir de los datos que obtiene, el matemático observa regularidades: la mayoría de las personas son cinco centímetros más altas o más bajas, la mayoría de lectores hojean el diario tres minutos de más (o lo despachan en tres minutos menos), y la mayoría de las amas de casa cocinan cada semana seis patatas de más o de menos.

Pero los matemáticos pueden trazar la media de más cosas, además de rasgos físicos y mentales. También la moralidad podría ser susceptible de cálculo. Un análisis de las estadísticas policiales podría quizá revelar las características que definen al criminal «medio», «incluso en aquellos crímenes que parecen escapar a toda previsión humana, como el asesinato, por cuanto se cometen en general sin motivo y en circunstancias en apariencia del todo fortuitas». Según las cifras de Quetelet, el asesino «típico» era varón, veinteañero, con estudios y un empleo administrativo. Normalmente le olía el aliento a alcohol y vestía con ropa ligera de verano. La probabilidad ponía en su mano una pistola (y no un cuchillo, o un bate, o un frasquito de veneno).

La idea se extendió con rapidez, y ganó popularidad entre los científicos y el público en general. En la mayoría de los casos se vio reforzado no por la lógica, ni por el análisis, sino por meros prejuicios. La gente se rio, se mofó, y denunció, y despreció los distintos «tipos» identificados de persona media. Pero lo peor es que creyeron que tales criaturas existían en realidad.

Las imágenes contribuyeron a propagar eficazmente esta idea: como suele decirse, una imagen vale más que mil palabras. Bastaba una caricatura publicada en un diario para borrar todo rastro de los largos párrafos en los que Quetelet se desentendía de toda responsabilidad (el original de su libro ocupaba varios centenares de páginas). Si la caricatura mostraba a un irlandés (a todos los irlandeses) con mandíbula deforme, una pluma en el sombrero y dientes protuberantes, era evidente que «el irlandés medio» guardaba con esta un parecido más que casual. Si mostraba un mendigo mugriento, vulgar y borracho, confirmaba lo que muchos pensaban del «pobre medio».

La fotografía, por entonces una tecnología aún joven e innovadora, se empleó también con fines parecidos. Hubo quien superpuso los retratos de ocho delincuentes distintos para obtener el rostro desdibujado del «criminal medio». La fusión de las fotografías de nueve pacientes tuberculosos sirvió para crear un retrato de la enfermedad. A partir de seis medallas con la efigie de Alejandro Magno se intentó trazar una media y determinar los rasgos más probables del rey de la Antigüedad. «Existen ya planes», anunciaba una revista, «para obtener una imagen clara de Nabucodonosor a partir de las diferentes losas de piedra y arcilla adornadas con su rostro».

Pero si la fotografía sirvió para popularizar la idea del «hombre promedio», también aportó una manera diferente de mirarnos a nosotros mismos. Los retratos robot, que empezaron a aparecer hacia finales del siglo XIX contribuyeron a centrar de nuevo la atención en el individuo, en lugar de en características comunes. Las fotografías que magnificaban y enfatizaban rasgos faciales de todo tipo sustituyeron los fantasmagóricos rostros que encarnaban una clase concreta de persona. En lugar de mostrar un único representante abstracto de esta o aquella categoría, las imágenes destacaban una amplísima (y auténtica) variedad de narices, frentes, arrugas, orejas, barbillas, párpados, labios y bocas.

Tomemos la nariz, por ejemplo. Evidentemente, nadie tiene una «nariz»: la gente tiene una nariz grande o una nariz pequeña, una nariz ancha o estrecha, una nariz ganchuda o recta, una nariz larga o una nariz chata. Puede que la punta sea más bulbosa, o que se le dilaten las aletas. ¿Y qué hay de la barbilla? ¿Grande o pequeña? ¿Lisa o con hoyuelo? ¿Es huidiza o asoma orgullosa? ¿De forma cuadrada o redondeada?

Surge entonces una nueva imagen de la persona. Por supuesto, sigue habiendo rasgos comunes. Comparte su nombre con otras personas, su nariz es también la de otros rostros. Todos estamos hechos de la misma sangre y los mismos huesos. Pero observemos con atención. ¿Vemos las proporciones, la relación entre las distintas partes que nos conforman? Cada combinación es única, como un mosaico. Tiene los ojos de su padre, y los rizos de su madre, y la sonrisa ladeada de su tío. El conjunto crea algo nuevo, crea a alguien nuevo, alguien que verá a través de esos ojos de manera propia, que se peinará los rizos de acuerdo a su propio estilo, que tendrá sus motivos para desplegar esa sonrisa. Si hablamos con esa persona, veremos el entramado de risueñas arrugas que surcan su cara. Y veremos que los ojos le brillan o se oscurecen al oír determinadas palabras. Esa persona, simplemente, es ella misma.

Quetelet (y muchos otros tras él) creía poder encontrar la esencia de la naturaleza humana en el promedio, pero se equivocaba. La esencia de la naturaleza humana es su infinita variedad. Como diría más adelante Stephen Jay Gould: «Todos los biólogos evolutivos saben que la única esencia irreductible de la naturaleza es la variación. La variación es la dura realidad, no un conjunto de intentos imperfectos de alcanzar una tendencia central. Los promedios y las medias son las abstracciones».

Las cataratas del tiempo

Si, como suele decirse, la vida fluye como un río, cabe decir también que empieza como un goteo y culmina en una catarata. El filósofo griego Heráclito supo expresarlo muy bien: «La eternidad es un niño que se divierte». Quizá aquí se encuentre la raíz de la nostalgia, que no es tanto el deseo de regresar a épocas pretéritas como de recuperar la espaciosa experiencia que teníamos del tiempo en nuestra infancia.

El tiempo. Ya saben cómo funciona. Una vez cumplidos los treinta me he dado cuenta de que los días empiezan a escurrírsenos entre los dedos y tenemos que esforzarnos por mantener el ritmo. Ahí es cuando se despierta el impulso nostálgico, cuando florece, cuando nos atosiga. El año pasado me trasladé a París. Algo hubo en aquel estar de vuelta en una gran ciudad tras tantos años, que me llevó a pensar cada vez más en el viejo barrio londinense en el que transcurrió mi juventud. Había llegado a esa edad en la que el pasado llega a ser tan grande y profundo que nuestros pensamientos se ven atraídos una y otra vez por él. Es como vivir en una costa vulnerable frente a un mar imponente cuyos sonidos y olores van saturando nuestros sentidos.

Así que decidí volver. Hubo que cruzar mares salados, y soportar el bamboleo de autobuses y el aburrimiento de trenes, pero no importaba. Tenía que volver y tenía que volver a ver aquel sitio después de tanto tiempo.

Cuando les hablé de mi plan a mis hermanos menores, intentaron disuadirme. «No queda nada», me dijeron, perplejos. Era evidente que ellos habían pasado página. «¿Para qué volver?».

Intenté explicárselo. Abrí la boca, sentí incluso que mi aliento formaba palabras plausibles sobre la lengua. Pero no estaba de ánimo, y todas mis justificaciones inventadas fracasaron. Decidí no discutir. Reservé los billetes, hice las maletas y me fui.

No me inquietó no haber podido explicar el deseo de regresar a mi antiguo hogar londinense. Al contrario: su sola fuerza me convenció, me reafirmó incluso. Mientras veía pasar el paisaje a través de la ventanilla del tren intenté recordar la última vez que había estado allí. Me vi pensativo en el reflejo de la ventanilla. Frente a mí fueron desfilando grandes árboles y verdes colinas. Aparté la mirada, abrí un libro y miré las páginas sin ver, hasta que las palabras parecieron coagularse en una sola masa negra de tinta.

Cinco años. ¿Ya? ¿Dónde se habían ido? Echando la vista atrás, todas las cosas que había conseguido, toda la gente que había conocido, todos los lugares que había visitado parecían no haberme llevado apenas tiempo. Y sin embargo, ¡qué difíciles, qué agotadores, qué importantes me habían parecido todos aquellos acontecimientos en su momento! Y qué distantes (¡toda una vida!) me habrían parecido las horas pasadas en el tren con el que me alejaba de París.

El trayecto hasta Londres fue rápido, sin retrasos. Al llegar a la capital me sentí más usuario cotidiano de la red de transportes que viajero internacional. Hice el transbordo para abandonar el centro de la ciudad camino a la periferia de mis recuerdos, cada vez más entusiasmado. El vagón fue vaciándose gradualmente de viajeros encorbatados, sustituidos por pasajeros de otro tipo. «Debemos de estar cerca ya», pensé, impaciente, sin mirar siquiera el reloj. Cerca ya del final de la línea, recogí mis cosas y descendí del tren. El andén estaba cubierto de basura y vidrios rotos, pero durante un instante, al menos, me sentí indiscutiblemente contento de haber vuelto a casa.

El tiempo es algo más que una actitud, o que un estado de ánimo. Es más que ver el reloj de arena medio lleno o medio vacío. En esta era (llamémosla la era de la informática) más que nunca, la vida de una persona es discreta y completamente mensurable. De hacer caso a lo que se lee en los estudios publicados en los diarios, hasta ahora he pasado cerca de cien mil minutos haciendo cola y quinientas horas preparando té. Le he dedicado un año entero a buscar cosas que he perdido. Me consta que este año he cumplido mi día número doce mil doce. Esa cifra equivale a doscientas cincuenta mil horas, a diecisiete millones de minutos. Si consideraba todos los segundos transcurridos desde mi nacimiento, hacía poco que había entrado en el club de los mil millonarios.

A veces nos gusta comparar el tiempo con el dinero y verlo como algo que hay que gastar con cabeza; pero no es dinero. No hay reintegros de días malgastados; no existen bancos que permitan ahorrarlos. No podemos administrar el tiempo como administramos el dinero, puesto que vivimos en la perpetua ignorancia de cuándo se nos acabará el tiempo. ¿Cómo vamos a planificar, si nadie puede estar seguro de vivir un día más, ni de sobrevivir hasta edades tan avanzadas como para que la ceguera ennegrezca nuestros ojos?

Quizá sería más conveniente hablar del tiempo del modo en que lo hacen determinadas tribus. Al no conocer los relojes, se valen de la naturaleza para marcar el ritmo de sus días. La tradición de los nativos americanos era plantar el maíz «cuando las hojas del roble blanco tienen el tamaño de la oreja de un ratón». Equinoccios y solsticios determinaban la celebración de rituales. En cuanto al lenguaje, los sioux no tienen palabras para expresar «tardanza» o «espera».

En Australia, los aborígenes creen que el tiempo, el lugar y la persona son una misma cosa. Les basta con mirar un instante a un árbol o una cara para saber qué día y qué hora es. Distinguen con precisión las estaciones a partir de factores como la flora y los cambios en el viento: los gunwinggu orientales, por ejemplo, hablan de seis estaciones, tres «secas» y tres «húmedas», cuando los no aborígenes solo aprecian una de cada.

Para estas y otras tribus, el tiempo es producto de nuestros actos. Aparece cuando cantamos una canción, cuando escalamos una montaña o cuando fumamos una pipa, y desaparece cuando dormimos. No conciben el tiempo como algo ubicuo, similar al aire. Segundos, minutos, horas... todo eso son cosas que creamos nosotros mismos. En lugar de usar términos como los nuestros hablan de «tiempo de cosecha» o «tiempo de pesca en el río». Si se le pregunta a un pastor africano cuánto tiempo puede llevar tal tarea o tal otra, nos responderá «el tiempo de ordeñar una vaca». ¿Qué es una hora para una persona así? Quizá el tiempo que lleva ordeñar diez vacas.

Intentemos expresarlo de otra manera: 1 hora = 10 ordeños. Mi equivalente sería 1 hora = preparar 10 tés. Llamémoslo «tiempo de té». Un paseíto corto de dieciocho minutos equivale a tres vacas ordeñadas o tres teteras hervidas; una pausa publicitaria de dos minutos es lo mismo que un tercio de una taza de té. En el tiempo que transcurre desde que arranca un partido de fútbol hasta el pitido final pueden ordeñarse quince vacas o prepararse quince tacitas de Earl Grey.

Con esta digresión no quiero dar a entender que las aproximaciones necesariamente se imponen a la exactitud. No tengo ningún interés en abolir los relojes. Pero las palabras e imágenes concretas que emplean nuestras respectivas culturas moldean la forma en que percibimos el tiempo. Decía antes que el tiempo no es dinero; en cambio, podríamos decir que sí se parece al acto de gastar dinero. Según el modo de pensar de las tribus, es lo que sucede, por ejemplo, cuando entramos en un mercado. El énfasis puesto sobre la actividad a la hora de pensar sobre el tiempo me parece un ejercicio muy sano. Siempre que oigo a alguien quejarse de todas las horas o fines de semana que tiene que cubrir, me da por pensar que es un error hablar de los días como si fueran agujeros. Todos los agujeros son bastante iguales entre sí, mientras que cada día es distinto. En todo caso son como una masa que podemos esculpir en una infinidad de formas distintas.

Durante el viaje de regreso al hogar de mi infancia me detuve primero frente a la estación del tren y luego seguí hacia el norte, buscando la calle principal. Los edificios estaban más o menos como los recordaba: los mismos muros bajos cubiertos de pintadas; los mismos carteles de 50% REBAJAS en los escaparates; los mismos chicos y chicas entretenidos en quitar el papel a sus caramelos. Arquitectura anodina, sin brillo alguno, ni color, ni encanto. Nada de ajetreo tampoco en las aceras: demasiado pronto o demasiado tarde para ir de compras. Pocos coches que animasen la calzada. Fui caminando mecánicamente, torciendo una esquina aquí y allá, mientras a mi nariz llegaba el olor dulzón del asfalto recién extendido en Waterbeach Road.

Por fin enfilé mi antigua calle. Me detuve a saborearlo todo. A la izquierda había una verja metálica, y detrás, a cierta distancia, estaba mi antigua escuela, larga como una fábrica. A la derecha, una sucesión de apiñadas casas de ladrillo. Me acordé de sus delgadas paredes, y de lo poco que contribuían a una buena convivencia. Calle abajo vi a lo lejos a un hombrecito que fue creciendo a medida que se acercaba. Llevaba puesta una camiseta de fútbol azul y roja, pero no tenía pinta de futbolista.

La camiseta, demasiado estrecha, acentuaba un panzón considerable. Tenía el pelo oscuro y patibulariamente corto. Sentí su aliento áspero cuando pasó a mi lado. Luego desapareció.

Me sorprendió lo poco que había cambiado todo. Reconocí de inmediato los números pintados de las casas, las puertas de madera, los setos, tanto tiempo olvidados. Y sin embargo, todo parecía muy distinto a como lo viví de niño. Algo había desacompasado, algo que no era capaz de determinar. Frustrado, paseé por la calle hasta que se me cansaron las piernas, y solo entonces, cuando me disponía a emprender el camino de vuelta, lo vi. Lo que había cambiado allí era... el tiempo.

En su clásico *Principios de psicología* de 1890, el filósofo estadounidense William James señalaba que «un mismo espacio de tiempo nos parece más corto a medida que envejecemos. Y esto sucede con los días, los meses y los años; se puede dudar en el caso de las horas, pero los minutos y segundos parecen seguir siendo los mismos a todos los efectos».

James continúa mencionando una explicación matemática de este fenómeno, obra de un académico francés de la época. Según el profesor Paul Janet, nuestra percepción del tiempo es proporcional a nuestra edad. Para un niño de diez años, un año equivale a una décima parte de su existencia, mientras que para un hombre de cincuenta, ese mismo año equivale solo a una cincuentava parte de ella (un dos por ciento). Así, para el mayor de los dos el año parecerá transcurrir cinco veces más deprisa que para el niño, y para el niño, el año durará cinco veces más que para el adulto.

Lo importante, según este argumento, es la relación que existe entre una secuencia de años y otra. El intervalo que transcurre entre los treinta y dos y los sesenta y cuatro años de edad le parecerá al individuo de una duración similar a la experimentada entre los dieciséis y los treinta y dos, y entre los ocho y los dieciséis, y entre los cuatro y los ocho, por cuanto mantienen siempre la misma proporción. Por ese mismo motivo, todos los años vividos entre los sesenta y cuatro y los ciento veintiocho (suponiendo que fuese posible llegar a edad tan avanzada) no ocuparían más sensaciones, pensamientos, dolores, temores, alegrías y sorpresas que el Big Bang experimentado entre nuestro segundo y nuestro cuarto año de vida.

Más recientemente, el estadounidense T. L. Freeman ha propuesto una fórmula (basada en las ideas de Janet) que determina la «edad efectiva» de un individuo. Los cálculos de Freeman sugieren que hemos experimentado una cuarta parte del total de nuestras vidas antes de los dos años, y más de tres cuartas partes al cumplir los treinta. Llegada al punto intermedio aproximado de su vida, una persona de cuarenta años percibirá el resto de sus días como una sexta parte de lo que ha conocido previamente. A los sesenta, le parecerá que el futuro dura una dieciseisava parte de lo que duró su pasado.

¿Es en vano cualquier intento de echar la vista atrás y revivir una época pasada? Nunca vamos a pasar dos veces por la misma calle. Las calles de mi infancia forman parte de otro tiempo que ya no es mío. Excepto cuando sueño, claro.

Al dormir visito aquel lugar. Veo a una colegiala junto a la cuadrícula de una rayuela, observando la tirada. Un hombre limpia sus ventanas subido a una escalera, y su mano recorre los cristales rítmicamente. En la acera, el gato de un vecino se despereza al sol, estirándose y estirando las patas. El zumbido del tráfico llena mis oídos. Veo a mi abuelo, aún vivo, de pie junto a la puerta apoyado en su bastón, como montando guardia frente al pequeño huerto de mi padre. Me paro para ver a mi padre, que arremangado hasta los codos se dedica a recoger vainas, plantar hierbas y contar pepinos. Lo observo con calma, totalmente despreocupado. El tiempo se ha dilatado; el tiempo no existe.

Nuestro cuerpo lleva la cuenta del tiempo mucho mejor que

el cerebro. El pelo y las uñas crecen a un ritmo predecible. El aire inhalado no se malgasta nunca; raras veces nos entra hambre demasiado pronto o tarde. O miremos a los animales. Los patos y los gansos no tienen más que seguir su instinto para saber cuándo es hora de hacer las maletas y emigrar. He leído casos de bueyes que portaban su carga durante el mismo espacio de tiempo cada día, y a los que ni siquiera el látigo podía convencer de continuar pasado ese tiempo.

Llevamos la cuenta de nuestros años en la frente y las mejillas. Me extrañaría que el cuerpo pueda perder alguna vez la cuenta. Igual que los bueyes, cada uno sabe en su interior cuándo es el momento de parar.

Más alto que el cielo

El 22 de enero de 1886, George Cantor, descubridor de la existencia de un número infinito de infinitos, escribió una carta al cardenal Johannes Franzen, al Vaticano, en la que defendía sus ideas frente a una posible acusación de blasfemia. Devoto creyente, el matemático se consideraba amigo de la Iglesia. Dios, creía él, se había valido de su interés por los números para revelar una faceta más de su infinita naturaleza. La mayoría de los estudiosos de la lógica habían descartado las reflexiones de su joven colega; casi nadie se tomó en serio la extraordinaria inspiración que más tarde le valdría la fama.

Antes de Cantor no había sido posible hablar de diferentes formas de infinito. Simplemente se asumía que toda colección sin un elemento final (la secuencia de números pares o impares, por ejemplo, o la sucesión de números primos) era de iguales dimensiones. Cantor demostró que esta premisa era errónea. Sus artículos fueron los primeros en demostrar los conjuntos incontables de números, esto es, secuencias numéricas inagotables incluso en una recitación infinitamente larga de sus elementos. Más aún, cada conjunto incontable de números engendra otro conjunto de números «mayor» incluso que el anterior. Cantor comprendió que no había límite a la creación de tales conjuntos.

El matemático Leopold Kronecker, para quien «Dios creó los números enteros; todo lo demás es obra del hombre», no quería ni oír hablar de la (infinita) torre de infinitos «grandes» y «pequeños» propuesta por Cantor y persiguió a su rival acusándolo de charlatán y corruptor de la juventud. Ante la incomprensión de sus iguales, Cantor recurrió finalmente a la Santa Sede en busca de apoyo.

El diálogo entre la teología y las matemáticas (variado, irregular, singular) tiene mucha tradición. El infinito, por encima de otras cuestiones, ha sido uno de los temas de discusión favoritos. Dios es infinito: por lo tanto las matemáticas son religión, un sendero a través del cual se puede llegar a conocer lo divino. Ese fue el razonamiento de los padres de la Iglesia, y el motivo por el que los monjes de antaño exploraron las vías que los matemáticos no osaban hollar.

Mil años antes de que naciese Cantor, un hombre se sentaba día tras día en una mesa de un monasterio irlandés, rodeado por el olor de pábilos y manuscritos. Pasó años enteros casi inmóvil, entregado a una profunda y continuada contemplación, meditando sobre una esfera perfecta que existe más allá del espacio, universal y sin límites. Por supuesto, resulta contradictorio pensar en una forma que no tiene límites. El monje era consciente de ello. Sabía también que pensar en el infinito es pensar en contradicciones.

Pasaban los minutos, pasaban las horas. Pero ¿qué es un minuto, o una hora, en comparación con la eternidad? Nada. A su lado, un minuto, una hora, un año, mil años son igualmente largos o cortos. La luz en la celda del monje era casi mortecina al final de la larga jornada; y podía balbucear: «Él, Él, Él, Él, Él...», pero por mucho que lo intentó, Johannes Scottus Eriugena (Juan de Irlanda) no consiguió escapar a sus sentidos y aprehender el infinito.

Según Eriugena, Dios no es bueno, puesto que está más allá

de la bondad; no es grande, ya que está más allá de la grandeza; y no es sabio, porque está más allá de la sabiduría. Dios, escribió, es más que Dios, más que el tiempo, *infinitas omnium infinitatum* (la infinidad de todas las infinidades), principio y fin de todas las cosas, pese a que Él mismo no tiene principio ni conocerá final. Las palabras de Eriugena recuerdan a las del santo Job.

> ¿Es posible explorar las profundidades de Dios? ¿Pueden localizarse los límites del Todopoderoso? Son más altos que el cielo: ¿qué podemos saber? Son más largos que la tierra y más anchos que el océano. Si llega hasta nosotros, nos apresa y somete a juicio, ¿quién puede impedírselo?

Si Dios es infinito, las Santas Escrituras, inspiradas por Dios, existen ajenas a los límites del tiempo convencional. Eriugena cita a san Agustín para afirmar que la Biblia a menudo emplea el tiempo pasado para referirse al futuro. La vida de Adán en el Paraíso «solo comenzó» sin ocupar tiempo real alguno, de modo que su representación en el Génesis «debe referirse más bien a la vida que habría llevado de haberse mantenido obediente».

Las enseñanzas de san Agustín tuvieron una enorme influencia sobre el pensamiento del monje irlandés y el de teólogos posteriores. En *La ciudad de Dios*, san Agustín reitera que Dios conoce todos los números que existen hasta el infinito y puede contarlos instantáneamente. «Si todo lo que comprende la ciencia se limita con la comprensión del que posee la sabiduría, entonces toda infinidad es, en cierto modo inefable, finita y limitada para Dios, porque es comprensible por su conocimiento».

Dos siglos después de Eriugena, en 1070, san Anselmo presentó su famosa «prueba ontológica» de que Dios es tan grande que nada mayor puede ser concebido. Si todo número tiene su objeto, el objeto del infinito es Dios. Anselmo llegó a ser arzobispo de Canterbury; uno de sus sucesores, Thomas Bradwardine, identificó en el siglo XIV al ser divino con el vacío infinito. A su vez, comparó el mundo finito con una esponja en un mar de espacio sin orillas.

La infinidad engendra finitud, y por tanto no puede ser aprehendida en términos finitos. Pero ¿cómo, entonces, entender la infinidad en términos infinitos? Alexander Neckham, que en el siglo XII reavivó el interés por la obra de san Anselmo, formuló este problema con una imagen muy vívida. Para Neckham, la inmensidad de Dios es tal que incluso si en el transcurso de la próxima hora pudiésemos duplicar el mundo, y triplicarlo en la hora siguiente, y cuadruplicarlo una hora más tarde, etcétera, el mundo no sería sino un «casi punto» en comparación con Él.

En los monjes, semejante inmensidad despertaba tanta admiración como consternación: consternación, porque un ser divino infinitamente remoto suponía descartar la Encarnación. Por ese mismo motivo, el creyente no podría ver nunca a Dios en la visión beatífica, y tampoco podría adaptar su voluntad a la voluntad divina. El vacío es en realidad una sima, un abismo que separa para toda la eternidad a la humanidad de su Creador.

Con *De veritate*, escrito entre 1256 y 1259, santo Tomás de Aquino ofrece una solución: «Como la relación que tiene el príncipe respecto de la ciudad, así el piloto respecto de la nave». Un príncipe infinitamente poderoso no guarda relación directa con un humilde capitán, pero ambos comparten una «semejanza de proporciones»: una cantidad finita es comparable a otra cantidad finita, del mismo modo que el infinito es comparable al infinito. Dicho de otra manera: «tres es a seis como cinco millones es a diez millones» guarda semejanzas con la proporción «Dios es a los ángeles como el vacío infinito es a la creación eterna». Santo Tomás de Aquino emplea esta analogía a lo largo de toda la obra: así como nuestro entendimiento finito comprende cosas finitas, el entendimiento infinito de Dios comprende cosas infinitas; así como es nuestro intelecto finito con respecto a lo que conoce, también el intelecto infinito de Dios es con respecto a las infinitas cosas que conoce; del mismo modo que los hombres distribuyen bienes finitos, Dios distribuye todos los bienes del universo. Santo Tomás escribe que la similitud entre Dios infinito y su creación finita constituye una «comunidad de analogía [...]. La criatura no posee ningún ser, excepto en tanto que descendiente del ser primero, y no se le llama tampoco ser, excepto en tanto que imitador del ser primero».

Exasperado por los críticos, a los que llamaba «murmuradores», santo Tomás intentó reglar otra cuestión muy disputada. La Iglesia enseñaba que el mundo tenía un inicio en el tiempo. «Se plantea todavía la pregunta de si el mundo puede haber existido siempre». Escribió estas palabras en 1270, en una obra que tituló *De aeternitate mundi* (Sobre el mundo eterno) y en la que argumentaba que si el mundo había existido siempre, el pasado está en continua regresión. La historia del mundo debe contar con una secuencia infinita de acontecimientos pretéritos. Si hay un número infinito de ayeres, necesariamente tendrá que haber un número infinito de mañanas. El tiempo es infinitamente pasado, e infinitamente futuro, pero nunca presente, porque ¿cómo puede llegar un momento presente tras un número infinito de días?

A santo Tomás este razonamiento tan potencialmente desasosegador ni le conmueve ni le impresiona. No parece poner demasiado empeño en sus protestas. Todo evento pasado, al igual que el momento presente, es finito: por tanto, el tiempo transcurrido entre ambos es también finito, «puesto que el presente marca el fin del pasado».

¿Y qué hay de la sucesión de acontecimientos pretéritos? Santo Tomás afirma que se puede argumentar al respecto tanto a favor como en contra. Quizá Dios, en su omnipotencia, ha creado un mundo sin fin. De ser así, nada le obligaba a poblarlo antes del hombre.

San Buenaventura, contemporáneo de Tomás de Aquino, no estaba de acuerdo con la equidad defendida por este. Le hervía la sangre al pensar en un pasado infinito. «Postular que el mundo es eterno, o que está en eterna producción, se opone por completo a la verdad y la razón». ¿Y qué decir de las contradicciones? Por ejemplo, si el mundo fuese eterno, mañana sería un día más largo que el infinito. ¿Y cómo puede nada ser más grande que el infinito?

Ya en el siglo xiv, Enrique de Harclay también criticó a santo Tomás (aunque desde un punto de vista completamente opuesto al de san Buenaventura) por afirmar la posibilidad de un mundo eterno. Harclay creía incluso que era probable, y que un análisis cuidadoso podía despejar cualquier contradicción aparente. ¿Cómo puede algo ser mayor que el infinito? Harclay propone considerar el infinito número de números: podemos contar a partir de dos, o a partir de cien, y en ambos casos nunca llegaremos a un número final, pese a que habrá más números que contar en el primer infinito que en el segundo. Invocando las proporciones de santo Tomás, defendió la tesis de un universo infinito en el que los infinitos meses ocurren con una frecuencia doce veces mayor que los infinitos años.

Hubo quien argumentó que un pasado infinito habría generado un número infinito de almas con poder infinito como Dios. Harclay lo refuta así: un número infinito de almas no constituiría un poder infinito. No serían «un número cualquiera, sino una multitud de números infinitamente numerosos». Dentro de esa multitud interminable podrían encontrarse todos los números posibles (59, 1.043, 962, 999.999.999.999.999.999.999.999.

999.999 ...), definidos y finitos, cada uno correspondiente a un alma; todos, excepto el número|alma «infinito», puesto que este supondría una contradicción: «No existe un número de números infinitos, porque entonces se contendría a sí mismo, lo que es imposible».

En ese mismo periodo, y de la mano del monje Gregorio de Rímini, encontramos la primera definición de un número infinito como aquel que tiene partes tan grandes como el conjunto: una secuencia infinita puede ser parte de otra secuencia infinita y es igual al infinito del que forma parte. Por ejemplo: tomar uno de cada veintitrés números (podríamos igualmente haber dicho uno de cada noventa y nueve, o de cada tres, o de cada cinco billones) en la sucesión infinita de números cardinales (1, 2, 3, 4, 5, 6 ...) produce una secuencia tan larga, tan infinitamente larga, como la de todos los números cardinales combinados: podemos emparejar el uno con el veintitrés, el dos con el cuarenta y seis, el tres con el sesenta nueve, el cuatro con el noventa y dos, el cinco con el ciento quince, y así ad infinítum.

Gregorio articuló su idea central más de cinco siglos antes que Cantor. Durante muchos años impartió clases en la Sorbona de París, donde sus alumnos lo bautizaron «Lucerna Splendens». Puede que en él intuyesen, como han afirmado estudiosos posteriores, al último gran teólogo escolástico dispuesto a enfrentarse al infinito.

John Murdoch, historiador de las matemáticas en la universidad de Harvard, destaca que las ideas de Gregorio apenas despertaron interés entre sus coetáneos y sucesores.

Puesto que la «igualdad» de un todo infinito con una o varias de sus partes es uno de los aspectos más complejos del infinito (y, tal y como sabemos ahora, uno de los más cruciales), la incapacidad de absorber y pulir los postulados de Gregorio privó a los restantes pensadores medievales de acceder a una comprensión sin precedentes del infinito matemático, que muy fácilmente podrían haber hecho suya.

En sus escritos, Cantor se describía a sí mismo como un siervo de Dios y de la Iglesia. Sus ideas le habían llegado con la fuerza de una revelación. Según él, si había trabajado en solitario, día tras día, en sus matemáticas había sido con la ayuda de Dios. Pero el matemático no era un ángel, ni mucho menos: en ocasiones, su humildad lo abandonaba. En 1896, un arranque de orgullo llevó a Cantor a confiar a un amigo: «A través de mí, la filosofía cristiana dispondrá por vez primera de la verdadera teoría del infinito».

El arte de las matemáticas

Conocí a un matemático durante un «congreso de ideas» en México al que ambos habíamos sido invitados a dar una conferencia. Era estadounidense, y como todos los matemáticos que he conocido a lo largo de mis viajes, enseguida se puso a hablar de trabajo. Mientras me llevaba a un rincón de la sala de espera para los conferenciantes, me contó la historia de los números en Camboya. Estaba firmemente convencido de que el cero, ese símbolo tan familiar de la nada, tenía allí sus orígenes. Soñaba con recorrer a pie los senderos de tierra de aquel reino para rastrear cualquier indicio que hubiese podido sobrevivir. Más de un milenio separaba su convicción de la creación del sistema decimal, y las probabilidades de dar con nuevas pruebas eran más que escasas. Pero no le importaba.

Empezó a explicarme las investigaciones que estaba llevando a cabo por entonces en la teoría de los números, con la velocidad y la concisión de quien habla apasionadamente, y yo le escuchaba e intentaba comprender lo que decía. Cuando entendía, asentía con la cabeza, y cuando no le entendía asentía por duplicado, para animarle a que continuase. Hablaba rápido y con entusiasmo, me abrió perspectivas que yo no era capaz de ver del todo y regiones mentales a las que no conseguía seguirle, pero aun así le escuché y asentí y disfruté muchísimo con la experiencia. Alguna que otra vez aderecé sus ideas y observaciones con algunas de las mías, y él las aceptó con la mayor cordialidad. La camaradería que nace en una conversación es algo que siempre me fascina, tanto si lo que se trata son palabras como si son números.

No tenía ninguno de los tics ni ninguna de las rarezas absurdas de los matemáticos que podemos encontrar en los libros o en las películas. Tampoco me sorprendió. Era de mediana edad y parecía esbelto y en forma, aunque tenía la piel blanquecina de un escritor. Llevaba el cuello de la camisa abierta. Risueñas arrugas surcaban su cara. Cuando nos llegó el turno, demasiado pronto, se palpó los bolsillos y de uno de ellos sacó una libretita en la que acostumbraba a anotar ideas sueltas e inspiraciones súbitas. Mientras me apuntaba sus datos de contacto en una hoja, me fijé en lo pequeñas y lisas que eran sus manos.

«Encantado de conocerte». Prometimos que mantendríamos el contacto.

Fue una sorpresa agradable oír la voz del matemático a la mañana siguiente, cuando bajé al restaurante del hotel para desayunar temprano, invitándome a sentarme con él y su familia. Sorteé como pude a los periodistas y sus cuencos de cereales, así como a algunas de las «estrellas» del congreso; esquivé a los camareros y sus manchas de café, apartando sillas vacías a mi paso, y por fin llegué a su mesa. El matemático sonrió a su esposa (matemática también, como supe más adelante) y a su sorprendentemente plácida hija adolescente, sentada entre ambos y muy parecida a su madre. Faltaban unas cuantas horas para que saliera su vuelo, y nos pusimos a hablar entre café y tostadas.

Hablamos del teorema de los cuatro colores, que postula que es posible colorear cualquier mapa con solo cuatro colores (rojo, azul, verde y amarillo, por ejemplo) sin que ningún distrito o país limite con otro del mismo color. «De entrada podría parecer que cuanto más complejo es un mapa, más colores serán necesarios», escribe Robin Wilson en su popular crónica de la historia del problema, *Cuatro colores bastan*, «pero sorprendentemente no es ese el caso». Redibujar las fronteras de un país o imaginar siluetas completamente alternativas para los continentes no supone ninguna diferencia.

Hay un aspecto concreto del problema que desde siempre me ha intrigado. Tras más de un siglo de vanas tentativas de demostrar el teorema de manera concluyente, en 1976 una pareja de matemáticos dio por fin con la prueba en Estados Unidos. Su solución, sin embargo, resultó polémica porque se basaba en parte en cálculos efectuados por ordenador. No pocos matemáticos se negaron a aceptarlo: ¡los ordenadores no saben matemáticas!

«En realidad he llegado a conocer a uno de los tipos que dieron con la prueba», me contó mi nuevo amigo, «y estuvimos hablando de cómo había encontrado la manera precisa de introducir los datos en la máquina para obtener una respuesta. La verdad es que era un resultado muy inteligente».

¿Qué les parecía a él y a su mujer el papel de los ordenadores en las matemáticas? Su respuesta a una pregunta tan general fue algo más circunspecta. Me reconocieron que a la prueba del teorema de los cuatro colores le faltaba elegancia. Tras ser publicada no había promovido nuevas ideas. Peor aún, sus páginas eran casi ilegibles. Y no tenían la cohesión intuitiva ni la belleza de una gran demostración.

La belleza. ¡Cuántas veces habré oído a los matemáticos utilizar esa palabra! Las mejores demostraciones, me explican siempre, tienen «estilo». A menudo es posible inferir quién es el autor del texto por la forma característica en que ha sido compuesto: la selección, organización e imbricación de las ideas es tan personal y particular como una firma. ¡Y cuánto tiempo dedican a pulir sus demostraciones! ¡Fuera con las expresiones superfluas! ¡Fuera con los términos ambiguos! Es cierto, pero acaba valiendo la pena: una demostración bien escrita puede acabar convirtiéndose en un «clásico», leído y disfrutado por las generaciones futuras de matemáticos.

«¿Qué hora es?». Ninguno llevábamos reloj. Llamamos a un camarero y le preguntamos. «¿Ya?», dijo la mujer del matemático cuando escuchó la respuesta. Apuraron sus tazas, se sacudieron las migas e hicieron ademán de levantarse.

—Pero a todo esto —dijo el matemático volviéndose hacia mí—, se me olvidaba: ¿dónde has dicho que vivías?

Entre la historia de los decimales, las perspectivas numéricas y el ejercicio de pintar el planeta entero con los colores de una sola bandera, los aspectos accidentales de nuestras vidas (dónde vivíamos, con quién, bajo qué techo y bajo qué firmamento) habían estado completamente ausentes en nuestra conversación. Se lo dije.

—¡París! —repitió—. ¡Nos encanta París!

La capital francesa se ha ganado la reputación de ciudad de artistas por antonomasia. La conocemos como la ciudad de Manet, de Rodin o de Berlioz; la ciudad de los cantantes callejeros y las bailarinas de cancán; la ciudad de Victor Hugo y del joven Hemingway de *París era una fiesta*, que escribía en las terrazas, transformando el café, el ron y los reproches de Gertrude Stein en sus relatos. Pero París es también la ciudad de los matemáticos.

Sus investigadores, en número de un millar, constituyen la Fondation Sciences Mathématiques de Paris (FSMP), el grupo más numeroso de matemáticos del planeta. Cerca de un centenar de las calles, bulevares y plazas de la ciudad llevan el nombre de sus predecesores. En el vigésimo *arrondissement*, por ejemplo, puede uno pasear a lo largo de la *rue* Évariste Galois, así bautizada en honor del algebrista del siglo XIX abatido en duelo de un disparo a los veinte años de edad. Al otro lado del Sena, en el decimocuarto *arrondissement*, se encuentra la *rue* Sophie Germain: la matemática que le da nombre aportó importantes ideas a los ámbitos de los números primos, la acústica y la elasticidad antes de fallecer en 1831. Según su biógrafo Louis Bucciarelli, «no le interesaba encontrarse con otras personas en las calles o edificios de su época, sino en el diáfano reino de las ideas ajenas al tiempo, donde la persona y la mente son indistinguibles y las distinciones dependen solo de los rasgos del intelecto». A pocos minutos de allí está la breve *rue* de Fermat. Hay también calles dedicadas a Euler, y a Leibniz, y a Newton.

Entre las cartas que me esperaban a mi regreso en mi patria adoptiva había una del museo parisino de arte contemporáneo Fondation Cartier. Estaba invitado al preestreno de la exposición «Matemáticas: cambio de aires repentino», la primera en suelo europeo en reflejar la obra de los principales matemáticos vivos en colaboración con artistas de talla mundial. Las fechas escogidas parecían doblemente propicias: en octubre de 2011 se cumplían doscientos años del nacimiento de Évariste Galois.

El museo está situado en el extremo inferior de una de las largas avenidas que atraviesan la ciudad, en el decimocuarto *arrondissement*. Es un edificio ostentosamente moderno, todo cristales relucientes y geometrías de acero: un ejemplo de arquitectura «desmaterializada». Sobre el vidrio se reflejaban duplicados de los árboles desnudos, desprovistos ya del follaje estival. Me fijé en sus simétricas ramas al pasar junto a ellas, antes de entrar.

Las matemáticas y el arte contemporáneo pueden parecer un emparejamiento extraño. Muchas personas piensan en las matemáticas como en algo similar a la lógica pura, a la fría deducción, a la computación desprovista de alma. Pero, por decirlo en palabras del matemático y divulgador Paul Lockhart: «Nada hay tan onírico ni poético, ni tan radical, subversivo y psicodélico como las matemáticas». La idea de la gelidez matemática, argumenta Lockhart, se ha impuesto en el público porque en las escuelas se ofrece una imagen deformada de las matemáticas, los programas lectivos a menudo favorecen las tareas áridas, técnicas y repetitivas en lugar de enfatizar en la «experiencia privada y personal de ser un artista que intenta abrirse paso».

Ese impulso artístico del matemático (así como su pugna interior) era lo que los organizadores de la exposición pretendían transmitir y celebrar. El interior, blanco y en forma de cero, era obra del cineasta estadounidense David Lynch. Los muros ocupados habitualmente por marcos y lienzos estaban adornados con ecuaciones, efectos de luz y muestras numéricas. Recorrí las salas, tan pronto desnudas y silenciosas, como estimulantes y coloristas, y me detuve aquí y allá para apreciar mejor los detalles. Vi a otros visitantes dar un paso atrás para ver mejor, y señalar con el dedo, y conversar en voz queda. Un radiante collage de rayos de sol y manchas de leopardo, olas y colas de pavo real (con sus correspondientes ecuaciones explicadas) fue motivo de mucho movimiento de dedos y muchas miradas de asombro. Otra de las salas arremolinaba a los visitantes en torno a una esbelta escultura de aluminio cuyas curvas se proyectaban hacia el infinito.

Pero para mí, el momento culminante de la exposición se encontraba en la planta baja, en una sala medio a oscuras. Los visitantes se confundían allí en la penumbra: la oscuridad los hacía homogéneos, todos callados, de pie o sentados, mientras seguían una película en blanco y negro. Una cara más o menos joven, grande hasta ocupar toda la pantalla, hablaba de su vida como matemático. Me recosté contra la pared del fondo y escuché mientras la cara hablaba de «triángulos gordos» y «gases vagos». Al cabo de cuatro minutos, la cara cambió: en esta ocasión, una mujer se puso a hablar del azar. La película duraba en total ocho caras: treinta y dos minutos. Los hombres y mujeres que aparecían en él procedían de una amplia variedad de subdisciplinas matemáticas: teoría de los números, geometría algebraica, topología, probabilidad..., y hablaban en francés, o en inglés, o en ruso (con subtítulos), pero su pasión y asombro enlazaba cada testimonio personal y lo convertía en un todo fascinante y complejo.

Dos de aquellos testimonios destacaban en particular. Me recordaron mis conversaciones con los matemáticos en México, y las mantenidas con otros en otros lugares, y la sensación de parentesco e ilusión que aquellos encuentros habían despertado en mí. Alain Connes, catedrático del Institut des Hautes Études Scientifiques, describió la realidad durante sus cuatro minutos como algo mucho más «sutil» de lo que el materialismo podría dar a entender. Para entender nuestro mundo necesitamos las analogías, la capacidad intrínsecamente humana de establecer vínculos («reflejos», los llamaba él, o «correspondencias») entre cosas distintas entre sí. El matemático toma ideas que son válidas en un ámbito y las «transplanta» a otro, con la esperanza de que germinen y no sean rechazadas por el entorno que las acoge. Connes, creador de la «geometría no comunicativa», ha aplicado ideas geométricas a la mecánica cuántica. Las metáforas según él son la esencia del pensamiento matemático.

Sir Michael Atiyah, antiguo director del Isaac Newton Institute for Mathematical Sciences de Cambridge, empleó sus cuatro minutos en hablar de las ideas matemáticas como de «visiones, imágenes ante nuestros ojos». Como si estuviese pintando un cuadro o imaginando una escena en una novela, el matemático crea y explora estas visiones por medio de la intuición y la imaginación. La voz de Atiyah, amable y seria, consiguió que todos los presentes en la sala le escuchasen con gran atención. No se oía ni una tos, ni un suspiro. La verdad, continuó, es uno de los objetivos de las matemáticas, pero uno que solo puede ser aprehendido parcialmente, a diferencia de la belleza, que es inmediata, y personal, y cierta. «La belleza nos pone en el buen camino».

Todas las caras tenían algo que decir, tanto las jóvenes como las viejas, las tersas como las hirsutas, las cuadradas como las ovales. Poco a poco, la sala se vació, y el ambiente intimista fue disolviéndose poco a poco. Seguí al último grupo de visitantes escaleras arriba hasta salir del edificio. Nadie intercambió una palabra. La noche nos absorbió a todos.

Caminé un rato junto al río, con la noche en el cabello y en los bolsillos y sobre la ropa. La noche es propicia para la imaginación, lo sé; a esa hora, a lo largo y ancho de la ciudad, los artistas afilan sus lápices, humedecen sus pinceles y afinan sus guitarras. Otros, con sus teoremas y ecuaciones, gozan de igual modo con las posibilidades que ofrece el mundo.

El mundo necesita artistas. Cada uno de ellos transforma su porción de la noche: en palabras y en imágenes, en notas y números. Un matemático atisba en su despacho algo que hasta la fecha resultaba invisible. Está a punto de transformar en luz la oscuridad.

Pi = 3.

1415926535897932384626433832795028841971693993751058209749445923078164062862089986280348253421170679821480865132823066470938446095505822317253594081284811174502841027019385211055596446229489549303819644288109756659334461284756482337867831652712019091456485669234603486104543266482133936072602491412737245870066063155881748815209209628292540917153643678925903600113305305488204665213841469519415116094330572703657595919530921861173819326117931051185480744623799627495673518857527248912279381830119491298336733624406566430860213949463952247371907021798609437027705392171762931767523846748184676694051320005681271452635608277857713427577896091736371787214684409012249534301465495853710507922796892589235420199561121290219608640344181598136297747713099605187072113499999983729780499510597317328160963185950244594553469083026425223082533446850352619311881710100031378387528865875332083814206171776691473035982534904287554687311595628638823537875937519577818577805321712268066130019278766111959092164201989380952572010654858632788659361533818279682303019520353018529689957736225994138912497217752834791315155748572424541506959508295331168617278558890750983817546374649393192550604009277016711390098488240128583616035637076601047101819429555961989467678374494482553797747268471040475346462080466842590694912933136770289891521047521620569660240580381501935112533824300355876402474964732639141992726042699227967823547816360093417216412199245863150302861829745557067498385054945885869269956909272107975093029553211653449872027559602364806654991198818347977535663698074265425278625518184175746728909777279380008164706001614524919217321721477235014144197356854816136115735255213347574184946843852332390739414333454776241686251898356948556209921922218427255025425688767179049460165346680498862723279178608578438382796797668145410095388378636095068006422512520511739298489608412848862694560424196528502221066118630674427862203919494504712371378696095636437191728746776465757396241389086583264599581339047802759009946576407895126946839835259570982582262052248940772671947826848260147699090264013639443745530506820349625245174939965143142980919065925093722

69646151570985838741059788595977297549893016175392846813826868386894277415599185592524595395943104997252468084598727364469584865383673622262609912460805124388439045124413654976278079771569143599770012961608944169486855584840635342207222582848864815845602850601684273945226746767889525213852254995466672782398645659611635488623057745649803559363456817432411251507606947945109659609402522887971089314566913686722874894056010150330861792868092087476091782493858900971490967598526136554978189312978482168299894872265880485756401427047755513237964145152374623436454285844479526586782105114135473573952311342716610213596953623144295248493718711014576540359027993440374200731057853906219838744780847848968332144571386875194350643021845319104848100537061468067491927819119793995206141966342875444064374512371819217999839101591956181467514269123974894090718649423196156794520809514655022523160388193014209376213785595663893778708303906979207734672218256259966150142150306803844773454920260541466592520149744285073251866600213243408819071048633173464965145390579626856100550810665879699816357473638405257145910289706414011097120628043903975951567715770042033786993600723055876317635942187312514712053292819182618612586732157919841484882916447060957527069572209175671167229109816909152801735067127485832228718352093539657251210835791513698820914442100675103346711031412671113699086585163983150197016515116851714376576183515565088490998985998238734552833163550764791853589322618548963213293308985706420467525907091548141654985946163718027098199430992448895757128289059232332609729971208443357326548938239119325974636673058360414281388303203824903758985243744170291327656180937734440307074692112019130203303801976211011004492932151608424448596376698389522868478312355265821314495768572624334418930396864262434107732269780280731891544110104468232527162010526522721116603966655730925471105578537634668206531098965269186205647693125705863566201855810072936065987648611791045334885034611365768675324944166803962657978771855608455296541266540853061434443185867697514566140680070023787765913440171274947042056223053899456131407112700040785473326993908145466464588079727082668306343285878569830523580893306575740679545716377

2542021149557615814002501262285941302164715509792592309907965 47

3761255176567513575178296664547791745011299614890304639947132 96

2107340437518957359614589019389713111790429782856475032031986 91

5140287080859904801094121472213179476477726224142548545403321 57

1853061422881375850430633217518297986622371721591607716692547 48

7389866549494501146540628433663937900397692656721463853067360 96

5712091807638327166416274888800786925602902284721040317211860 82

0419000422966171196377921337575114959501566049631862947265473 64

2523081770367515906735023507283540567040386743513622224771589 15

0495309844489333096340878076932599397805419341447377441842631 29

8608099888687413260472156951623965864573021631598193195167353 81

2974167729478672422924654366800980676928238280689964004824354 03

7014163149658979409243237896907069779422362508221688957383798 62

3001593776471651228935786015881617557829735233446042815126272 03

7343146531977774160319906655418763979293344195215413418994854 44

7345673831624993419131814809277771038638773431772075465453220 7

7709212019051660962804909263601975988281613323166636528619326 68

6336062735676303544776280350450777235547105859548702790814356 24

0145171806246436267945612753181340783303362542327839449753824 37

2058353114771199260638133467768796959703098339130771098704085 91

3374641442822772634659470474587847787201927715280731767907707 15

7213444730605700733492436931138350493163128404251219256517980 69

4113528013147013047816437885185290928545201165839341965621349 14

3415956258658655705526904965209858033850722426482939728584783 16

3057777560688876446248246857926039535277348030480290058760758 25

1047470916439613626760449256274204208320856611906254543372131 53

5958450687724602901618766795240616342522577195429162991930645 53

7799140373404328752628889639958794757291746426357455254079091 45

1357111369410911939325191076020825202618798531887705842972591 67

7813149699009019211697173727847684726860849003377024242916513 00

5005168323364350389517029893922334517220138128069650117844087 45

1960121228599371623130171144484640903890644954440061986907548 51

6026327505298349187407866808818338510228334508504860825039302 13

3219715518430635455007668282949304137765527939751754613953984 68

3393638304746119966538581538420568533862186725233402830871123 28

278921250771262946322956398989893582116745627010218356462201349
671518819097303811980049734072396103685406643193950979019069963
955245300545058068550195673022921913933918568034490398205955100
226353536192041994745538593810234395544959778377902374216172711
172364343543947822181852862408514006660443325888569867054315470
696574745855033232334210730154594051655379068662733379958511562
578432298827372319898757141595781119635833005940873068121602876
496286744604774649159950549737425626901049037781986835938146574
126804925648798556145372347867330390468838343634655379498641927
056387293174872332083760112302991136793862708943879936201629515
413371424892830722012690147546684765357616477379467520049075715
552781965362132392640616013635815590742202020318727760527721900
556148425551879250304351398442532234157623361064250639049750086
562710953591946589751413103482276930624743536325691607815478181
152843667957061108615331504452127473924544945423682886061340841
486377670096120715124914043027253860764823634143346235189757664
521641376796903149501910857598442391986291642193994907236234646
844117394032659184044378051333894525742399508296591228508555821
572503107125701266830240292952522011872676756220415420516184163
484756516999811614101002996078386909291603028840026910414079288
621507842451670908700069928212066041837180653556725253256753286
129104248776182582976515795984703562226293486003415872298053498
965022629174878820273420922224533985626476691490556284250391275
771028402799806636582548892648802545661017296702664076559042909
945681506526530537182941270336931378517860904070866711496558343
434769338578171138645587367812301458768712660348913909562009939
361031029161615288138437909904231747336394804575931493140529763
475748119356709110137751721008031559024853090669203767192203322
909433467685142214477379393751703443661991040337511173547191855
046449026365512816228824462575916333039107225383742182140883508
657391771509682887478265699599574490661758344137522397096834080
053559849175417381883999446974867626551658276584835884531427756
879002909517028352971634456212964043523117600665101241200659755
851276178583829204197484423608007193045761893234922927965019875
187212726750798125547095890455635792122103334669749923563025494

7802490114195212382815309114079073860251522742995818072471625 91

6685451333123948049470791191532673430282441860414263639548000 44

8002670496248201792896476697583183271314251702969234889627668 44

0323260927524960357996469256504936818360900323809293459588970 69

5365349406034021665443755890045632882250545255640564482465151 87

5471196218443965825337543885690941130315095261793780029741207 66

5147939425902989695946995565761218656196733786236256125216320 86

2869222103274889218654364802296780705765615144632046927906821 20

7388377814233562823608963208068222468012248261177185896381409 18

3903673672220888321513755600372798394004152970028783076670944 47

4560134556417254370906797396122571429894671543578467886144458 1

2314593571984922528471605049221242470141214780573455105008019 08

6996033027634787081081754501193071412233908663938339529425786 90

5076431006383519834389341596131854347546495569781038293097164 65

1438407007073604112373599843452251610507027056235266012764848 30

8407611830130527932054274628654036036745328651057065874882256 98

1579367897669742205750596834408697350201410206723585020072452 25

6326513410559240190274216248439140359989535394590944070469120 91

4093870012645600162374288021092764579310657922955249887275846 10

1264836999892256959688159205600101655256375678566722796619885 78

2794848855834397518744545512965634434803966420557982936804352 20

2770984294232533022576341807039476994159791594530069752148293 36

6555661567873640053666564165473217043903521329543529169414599 04

1608753201868379370234888689479151071637852902345292440773659 49

5630510074210871426134974595615138498713757047101787957310422 96

9066670214498637464595280824369445789772330048764765241339075 92

0434019634039114732023380715095222010682563427471646024335440 05

1521266932493419673977041595683753555166730273900749729736354 96

4533288869844061196496162773449518273695588220757355176651589 85

5190986665393549481068873206859907540792342402300925900701731 96

0362254756478940647548346647760411463233905651343306844953979 07

0903023460461470961696886885014083470405460742958699138296682 46

8185710318879065287036650832431974404771855678934823089431068 28

7027228097362480939962706074726455399253994428081137369433887 29

4063079261595995462624629707062594845569034711972996409089418 05

953439325123623550813494900436427852713831591256898929519642728
757394691427253436694153236100453730488198551706594121735246258
954873016760029886592578662856124966552353382942878542534048308
330701653722856355915253478445981831341129001999205981352205117
336585640782648494276441137639386692480311836445369858917544264
739988228462184490087776977631279572267265556259628254276531830
013407092233436577916012809317940171859859993384923549564005709
955856113498025249906698423301735035804408116855265311709957089
942732870925848789443646005041089226691783525870785951298344172
953519537885534573742608590290817651557803905946408735061232261
120093731080485485263572282576820341605048466277504500312620080
079980492548534694146977516493270950493463938243222718851597405
470214828971117779237612257887347718819682546298126868581705074
027255026332904497627789442362167411918626943965067151577958675
648239939176042601763387045499017614364120469218237076488783419
689686118155815873606293860381017121585527266830082383404656475
880405138080163363887421637140643549556186896411228214075330265
510042410489678352858829024367090488711819090949453314421828766
181031007354770549815968077200947469613436092861484941785017180
779306810854690009445899527942439813921350558642219648349151263
901280383200109773868066287792397180146134324457264009737425700
735921003154150893679300816998053652027600727749674584002836240
534603726341655425902760183484030681138185510597970566400750942
608788573579603732451414678670368809880609716425849759513806930
944940151542222194329130217391253835591503100333032511174915696
917450271494331515588540392216409722910112903552181576282328318
234254832611191280092825256190205263016391147724733148573910777
587442538761174657867116941477642144111126358355387136101102326
798775641024682403226483464176636980663785768134920453022408197
278564719839630878154322116691224641591177673225326433568614618
654522268126887268445968442416107854016768142080885028005414361
314623082102594173756238994207571362751674573189189456283525704
413354375857534269869947254703165661399199968262824727064133622
217892390317608542894373393561889165125042440400895271983787386
480584726895462438823437517885201439560057104811949884239060613

69573423155907967034614914344788636041031823507365027785908975782727313050488939890099239135033732508559826558670892426124294736701939077271307068691709264625484232407485503660801360466895118400936686095463250021458529309500009071510582362672932645373821049387249966993394246855164832611341461106802674466373343753407642940266829738652209357016263846485285149036293201991996882851718395366913452224447080459239660281715655156566611135982311225062890585491450971575539002439315351909021071194573002438801766150352708626025378817975194780610137150044899172100222013350131060163915415895780371177927752259787428919179155224171895853616805947412341933984202187456492564434623925319531351033114763949119950728584306583619353693296992898379149419394060857248639688369032655643642166442576079147108699843157337496488352927693282207629472823815374099615455987982598910937171262182830258481123890119682214294576675807186538065064870261338928229949725745303328389638184394477077940228435988341003583854238973542439564755556840952248445541392394100016207693636846776413017819659379971557468541946334893748439129742391433659360410035234377706588867781139498616478747140793263858738624732889645643598774667638479466504074111825658378878454858148962961273998413442726086061872455452360643153710112746809778704464094758280348769758948328241239292960582948619196670918958089833201210318430340128495116203534280144127617285830243559830032042024512072872535581195840149180969253395075778400067465526031446167050827682772223534191102634163157147406123850425845988419907611287258059113935689601431668283176323567325417073420817332230462987992804908514094790368878687894930546955703072619009502076433493359106024545086453628935456862958531315337183868265617862273637169577418302398600659148161640494496501173213138957470620884748023653710311508984279927544268532777431139514357417221975979935968525228574526379628961269157235798662057340837576687388426640599099350500081337543243546359675048442352848747014435454195762584735642161981340734685411176688311865448937769795665172796623267148103386439137518659467300244345005449953997423723287124948347060440634716063258306498297955101095418362350303094530973358344628394763047756

50150085075789495489313939448992161255255977014368589435858 7752

63796255970816776438001254365023714127834679261019955852247 1722

01777237004178084194239487254068015560359983905489857235467 4564

23905858502167190313952629445543913166313453089390620467843 8778

50542393905247313620129476918749751910114723152893267725339 1814

66073000890277689631148109022097245207591672970078505807171 8638

10549679731001678708506942070922329080703832634534520380278 6099

05569001341371823683709919495164896007550493412678764367463 8490

20639640197666855923356546391383631857456981471962108410809 6188

46054560390384553437291414465134749407848844237721751543342 6030

66988317683310011331086904219390310801437843341513709243530 1367

76310849135161564226984750743032971674696406665315270353254 6711

26675224605511995818319637637076179919192035795820075956053 0234

62677579439363074630569010801149427141009391369138107258137 8135

78940055995001835425118417213605572752210352680373572652792 2417

37360575112788721819084490061780138897107708229310027976659 3583

87589093956881485602632243937265624727760378908144588378550 1970

28437793624078250527048758164703245812908783952324532378960 2984

16692254896497156069811921865849267704039564812781021799132 1741

63058105545988013004845629976511212415363745150056350701278 1592

67142413421033015661653560247338078430286552572222753049998 83701

53487930080626018096238151613669033411113865385109193673938 3522

93458883225508870645075394739520439680790670868064450969865 4880

16828743437861264538158342807530618454859037982179945996811 5441

97425363443996029025100158882721647450068207041937615845471 2318

34600726293395505482395571372568402322682130124767945226448 2091

02356477527230820810635188991526928891084555711266039650343 9789

62782500161101532351605196559042118449499077899920073294769 0586

85778787209829013529566139788848605097860859570177312981553 1495

16814671769597609942100361835591387778176984587581044662839 9880

60061622984861693533738657877359833616133841338536842119789 3890

01852956919678045544828584837011709672125353338758621582310 13310

38776682721157269495181795897546939926421979155233857662316 7627

54757035469941489290413018638611943919628388705436777432242 7680

91323654494853667680000010652624854730558615989991401707698 3854

83188750142938908995068545307651168033373222651756622075269517 9
14422528081651716677667279303548515420402381746089232839170327 5
42575086765511785939500279338959205766827896776445318404041855 4
01043513483895312013263783692835808271937831265496174599705674 5
07183320650345566440344904536275600112501843356073612227659492 7
83937064784264567633881880756561216896050416113903906396016202 2
15368494109260538768871483798955999911209916464644119185682770 0
45742434340216722764455893301277815868695250694993646101756850 6
01671453543158148010545886056455013320375864548584032402987170 9
34809105562116715468484778039447569798042631809917564228098739 9
87669732376957370158080682290459921236616890259627304306793165 3
11494017647376938735140933618332161428021497633991898354848756 2
52987524238730775595559554651963944018218409984124898262367377 1
46722606163364329640633572810707887581640438148501884114318859 8
82769449011932129682715888413386943468285900666408063140777577 2
57056307294004929403024204984165654797367054855804458657202276 3
78404668233798528271057843197535417950113472736257740802134768 2
60450228515797957976474670228409995616015691089038458245026792 6
59420555039587922981852648007068376504183656209455543461351341 5
25700659748819163413595567196496540321872716026485930490397874 8
95890661272507948282769389535217536218507962977851461884327192 2
32238101587444505286652380225328438913752738458923844225354726 5
30981715784478342158223270206902872323300538621634798850946954 7
20047952311201504329322662827276321779088400878614802214753765 7
81058197022263097174950721272484794781695729614236585957820908 3
07332335603484653187302930266596450137183754288975579714499246 5
40386817992138934692447419850973346267933210726868707680626399 1
93619650440995421676278409146698569257150743157407938053239252 3
94775574415918458215625181921552337096074833292349210345146264 3
74498055961033079941453477845746999921285999993996122816152193 1
48887693880222810830019860165494165426169685867883726095877456 7
61825072759929508931805218729246108676399589161458550583972742 0
98090978172932393010676638682404011130402470073508578287246271 3
49463685318154696904669686939254725194139929146524238577625500 4
74852954768147954670070503479995888676950161249722820403039954 6

327883069597624936151010243655535223069061294938859901573466102
371223547891129254769617600504797492806072126803922691102777226
102544149221576504508120677173571202718024296810620377657883716
690910941807448781404907551782038565390991047759414132154328440
625030180275716965082096427348414695726397884256008453121406593
580904127113592004197598513625479616063228873618136737324450607
924411763997597461938358457491598809766744709300654634242346063
423747466608043170126005205592849369594143408146852981505394717
890045183575515412522359059068726487863575254191128887737176637
486027660634960353679470269232297186832771739323619200777452212
624751869833495151019864269887847171939664976907082521742336566
272592844062043021411371992278526998469884770323823 82384005565551
788908766136013047709843861168705231055314916251728373272867600
724817298763756981633541507460883866364069347043720668865127568
826614973078865701568501691864748854167915459650723428773069985
371390430026653078398776385032381821553559732353068604301067576
083890862704984188859513809103042359578249514398859011318583584
066747237029714978508414585308578133915627076035639076394731145
549583226694570249413983163433237897595568085683629725386791327
505554252449194358912840504522695381217913191451350099384631177
401797151228378546011603595540286440590249646693070776905548102
885020808580087811577381719174177601733073855475800605601433774
329901272867725304318251975791679296996504146070664571258883469
797964293162296552016879730003564630457930884032748077181155533
090988702550520768046303460865816539487695196004408482065967379
473168086415645650530049881616490578831154345485052660069823093
157776500378070466126470602145750579327096204782561524714591896
522360839664562410519551052235723973795128818164059785914279 1481
654263289200428160913693777372229998332708208296995573772737566
761552711392258805520189887620114168005468736558063347160373429
170390798639652296131280178267971728982293607028806908776866059
325274637840539769184808204102194471971386925608416245112398062
011318454124478205011079876071715568315407886543904121087303240
201068534194723047666672174986986854707678120512473679247919315
085644477537985379973223445612278584329684664751333657369238720

1464723679427870042503255589926884349592876124007755875694641370
5625140011797133166207153715436006876477318675587148783989908107
4295309410605969443158477539700943988394914432353668539209994687
9645066533985738887866147629443414010498889931600512076781033588
6116602029611936396821349607501116498327856353161451684576956877
1090029997698412632665023477167286573785790857466460772283411540
3114415294188047825438761770790430001566986776795760909966693607
5594965152736349811896413043311662774712333881740603731743970540
6703109676765748695359587

* Estos son los 22.514 primeros dígitos del número pi que Daniel Tammet
memorizó a lo largo de tres meses y recitó sin error durante cinco horas, nueve
minutos y veinticuatro segundos el Día de pi (14 de marzo) de 2004, en el Museo de la Historia de la Ciencia de la universidad de Oxford.
    Con ello logró el récord europeo de memorización y recitación del número
pi y recaudó fondos para la Sociedad Nacional de Epilepsia de Reino Unido.